Grundzüge

des

Unterwassertunnelbaues

von

A. Haag

Ingenieur

Mit 56 Textabbildungen

Berlin

Verlag von Julius Springer

1916

ISBN 978-3-642-50372-6   ISBN 978-3-642-50681-9 (eBook)
DOI 10.1007/978-3-642-50681-9

Inhaltsverzeichnis.

Grundzüge des Unterwassertunnelbaues.

Der Ingenieur, der Druckluftgründungen ausführt, stellt sich leicht die Frage:
Wie kann man einen Arbeitsraum unter Wasser in horizontaler
oder geneigter Richtung vergrößern, um Raum zu gewinnen zur Ausführung von Tunneln, Stollen und anderen in die Länge gerichteten
Bauwerken unter Wasser?

Die nachfolgenden Betrachtungen sollen zur Lösung dieser Frage beitragen. Es
sind Ableitungen aus dem bekannten Druckluftgründungsverfahren und Vergleiche
mit anderen Arbeitsweisen des Tiefbaues.

Ableitungen aus dem Druckluftgründungsverfahren und Folgerungen.

1) Die bei Brückenbauten zu Pfeilergründungen gewöhnlich verwendeten Senkkasten sind Kasten ohne Boden, die durch Ausschachten und Entfernen der Erde
an der offenen Sohle der Kasten in senkrechter Richtung abwärts bewegt werden (Abb. 1).

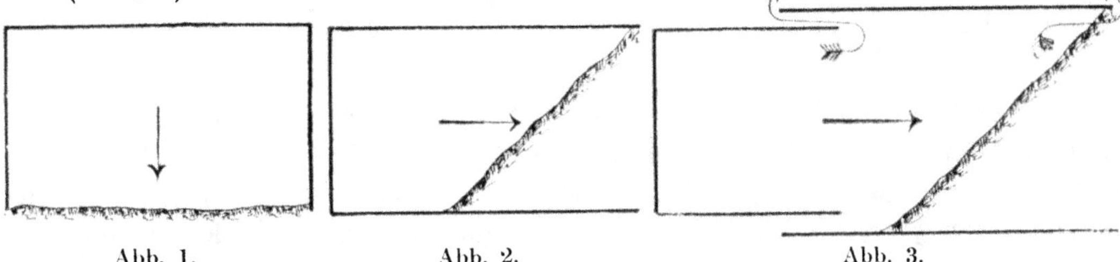

Abb. 1. Abb. 2. Abb. 3.

Das Wasser wird aus diesen Kasten durch einströmende Druckluft bis zur Unterkante der Umfassungswände verdrängt. Die Ausschachtungs- und Förderarbeiten
werden in Druckluft ausgeführt.

Will man einen solchen Kasten statt in senkrechter Richtung abwärts in
wagerechter Richtung vorwärts bewegen, so liegt nahe, den Kasten, anstatt
am Boden, an der in der Richtung der beabsichtigten Bewegung gelegenen Seitenwand offenzulassen (Abb. 2).

Will man zudem den Hohlraum des Kastens in der Bewegungsrichtung vergrößern, so muß man von der kastenförmigen Gestaltung der Arbeitskammer zu
deren ausziehbarer Gestaltung übergehen (Abb. 3).

Bei beiden in den Abb. 2 und 3 dargestellten Kastenformen lagert sich der Boden unter natürlicher Böschung im Arbeitsraum ab. Die Formen sind aber ohne weiteren Ausbau nicht brauchbar, weil die in den Arbeitsraum zur Verdrängung des Wassers eingeführte Druckluft zwischen den Wänden und am vorderen offenen Ende der Arbeitskammer in der Richtung der Pfeile (Abb. 3) nach oben entweichen und dabei durch ihre aufwühlende Wirkung oder Explosion noch Schaden verursachen könnte.

Auf offenen Landstrecken oder unter Flußläufen werden solche schädigende Wirkungen der austreibenden Luft weniger in Betracht kommen, als beispielsweise bei Ausführungen unter den Verkehrsadern einer Stadt.

Gegen das Entweichen der Druckluft zwischen den Wänden schützt eine zwischen die Wände eingelegte Schlauchdichtung (Abb. 4). Wird der Schlauch an den Vortriebteil angeheftet und dauernd mit Druckwasser oder Druckluft gefüllt, so kann die Abdichtung des Raumes während des Vortriebs erhalten bleiben.

Genügt ein Dichtungsring nicht, so können zwei oder mehrere Ringe hintereinander um die Tunnelröhre gelegt werden.

Der Eintritt des Grundwassers in den Arbeitsraum und das Entweichen der Druckluft in der Richtung des Vortriebes sind durch den Einbau der Querwand AB und dauernden Wasserverschluß der Öffnung am unteren Ende dieser Wand zu verhindern (Abb. 4).

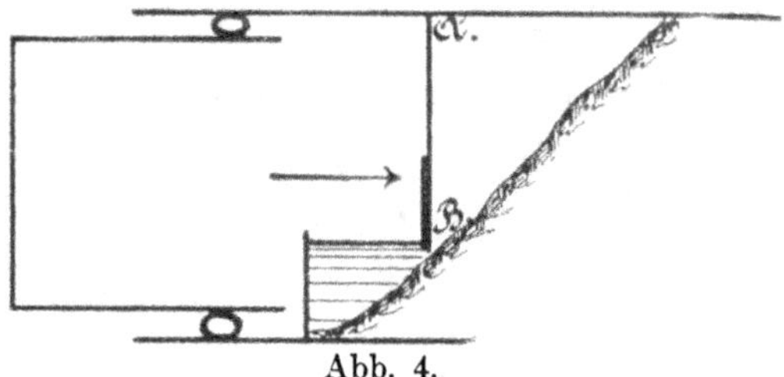
Abb. 4.

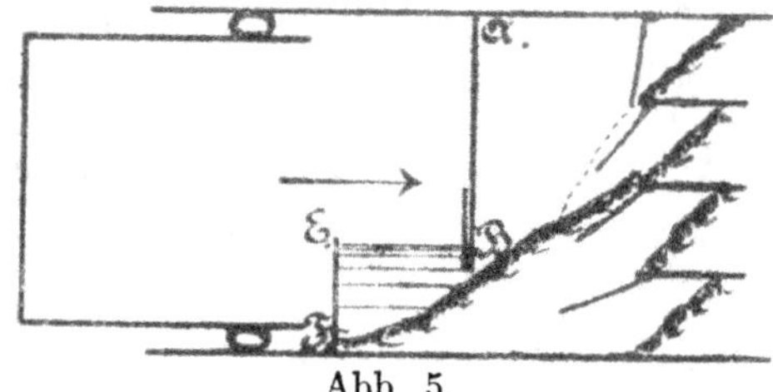
Abb. 5.

Der Fuß der unter Wasser liegenden Böschung ist vom Arbeitsraum aus in dem an der Öffnung bei B gebildeten Sumpfe angreifbar. In dem Maße wie der Böschungsfuß im Sumpfe unter Wasser abgegraben wird, rieselt die anstehende Erde der Böschung entlang unter Grundwasser in den Sumpf hinein und rückt die Böschung vorwärts. In gleichem Maße ist der Vortriebteil mit seiner Schneide in das Erdreich durch Druckpressen oder Schrauben vorwärts zu treiben. Die Böschung des Erdbodens muß stets im Innern des Vortriebteiles verbleiben.

Der Vortriebteil kann zur Verringerung des Reibungswiderstandes im Erdreich an seinem vorderen Ende parallel zur natürlichen Böschung der Erde abgeschrägt werden (Abb. 4).

Im Bedarfsfalle wird die Böschung im Vortriebrohre auf Horizontaltafeln abzufangen sein. Mit beweglichen Klappen läßt sich ein Verschluß der bei dieser Anordnung im Vortriebteil gebildeten Materialablagerungsgefache herstellen (Abb. 5).

Vortriebe durch leicht verdrängbaren Boden oder Wasser sind mit vorn geschlossenem Vortriebrohr ausführbar.

Bei wenig abwärts geneigter Tunnelrichtung wird die Abschlußwand AB niedriger (Abb. 6).

Mit größerer Neigung oder für senkrecht abwärts gerichteten Tunnelvortrieb wird die Wand AB entbehrlich (Abb. 7 u. 8).

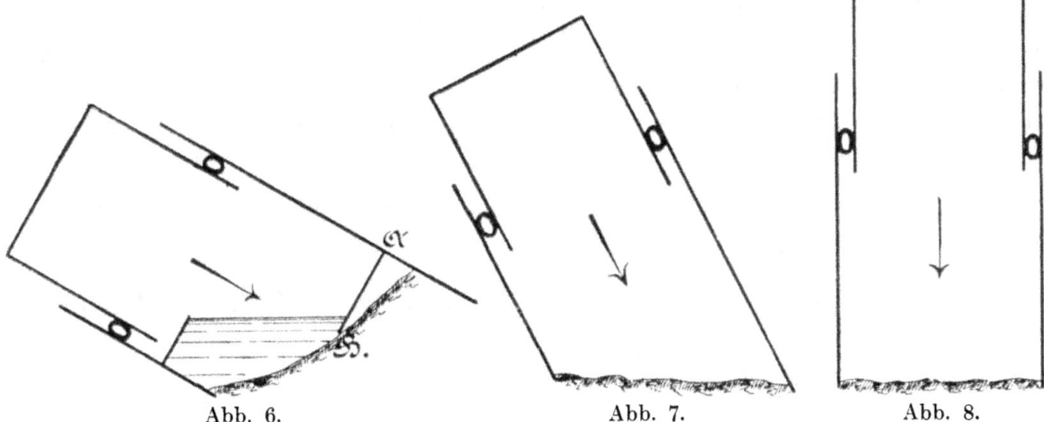

Abb. 6.   Abb. 7.   Abb. 8.

Die Seitenwände eines nach Abb. 8 gebauten Pfeilersenkkastens könnten, wenn von Bedenken wegen zu großen Auftriebes und bei geringer Versenkungstiefe zu mühsamer und kostspieliger Anbringung und Wiederentfernung von Druckpressen im Arbeitsraume abgesehen wird, durch Ausziehen der Wände aus dem Boden nach der Versenkung und Gründung zu weiterer Verwendung wiedergewonnen werden.

Bei Pfeilergründungen des Brückenbaues sieht man von der ausziehbaren Gestaltung der Seitenwände des Arbeitsraumes ab, weil die Notwendigkeit, die Decke der Arbeitskammer dauernd an derselben Stelle festzuhalten oder den Arbeitsraum unter dem Pfeiler mit fortschreitender Versenkung der Schneide zu vergrößern, nicht vorliegt.

Die Betrachtungen schließen sich ringartig; es wird Abb. 9 = Abb. 1, d. h.: **Die Druckluftgründung im Brückenbau ist die einfachste, seither gebräuchlich gewesene Sonderform des Raumvortriebes unter Druckluft im Wasser oder in wasserreichem Boden. —**

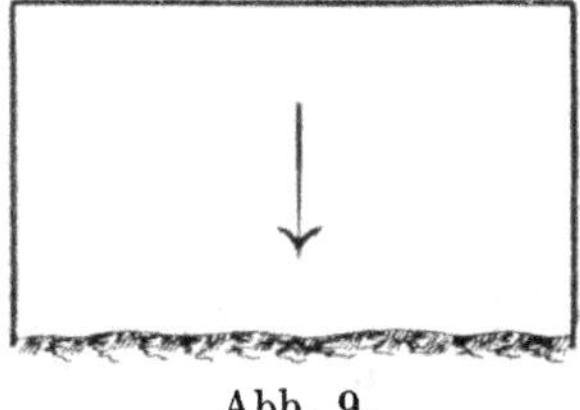

Abb. 9.

2) Zu dem gleichen Ergebnis und weiteren Schlüssen führen folgende Ableitungen:

Eine unter die Erdoberfläche versenkte, mit Druckluft erfüllte, von festen Wänden umschlossene Arbeitskammer mit offenem Boden kann seitwärts nicht verschoben werden, weil der Erddruck auf die in der Richtung der beabsichtigten Bewegung gelegene feste Wand AB des Kastens die Bewegung verhindert (Abb. 10).

Wird diese Seitenwand AB an ihrem unteren Ende von B bis B_1 (Abb. 11) geöffnet, so stellt sich der Wasserstand im Arbeitsraum auf der Höhe B_1 ein.

Alle in dem durch die doppelt schraffierte Fläche $ABMN$ gekennzeichneten Räume vor der Wand AB gelegene Erde fällt bei fortdauernder Abgrabung des im

Arbeitsraum bei B unter Wasser sich bildenden Böschungsfußes allmählich durch die Öffnung $B B_1$ in den Arbeitsraum hinein.

Damit nur der unterste Teil $A B C$ des Erdkörpers $A B M N$, der zur Verlängerung des Arbeitsraumes in der Vortriebrichtung in jedem Falle entfernt werden muß, in den Arbeitsraum gelangt, der obere Teil $A C M N$ aber unverändert unterfahren werden kann, muß die Kammerdecke in der Richtung $A C$ schildartig verlängert werden und es sind außerdem, zum Schutze gegen seitliche Einbrüche der Erde in den Raum $A B C$, geeignet geformte Seitenwände an der Schilddecke anzubringen.

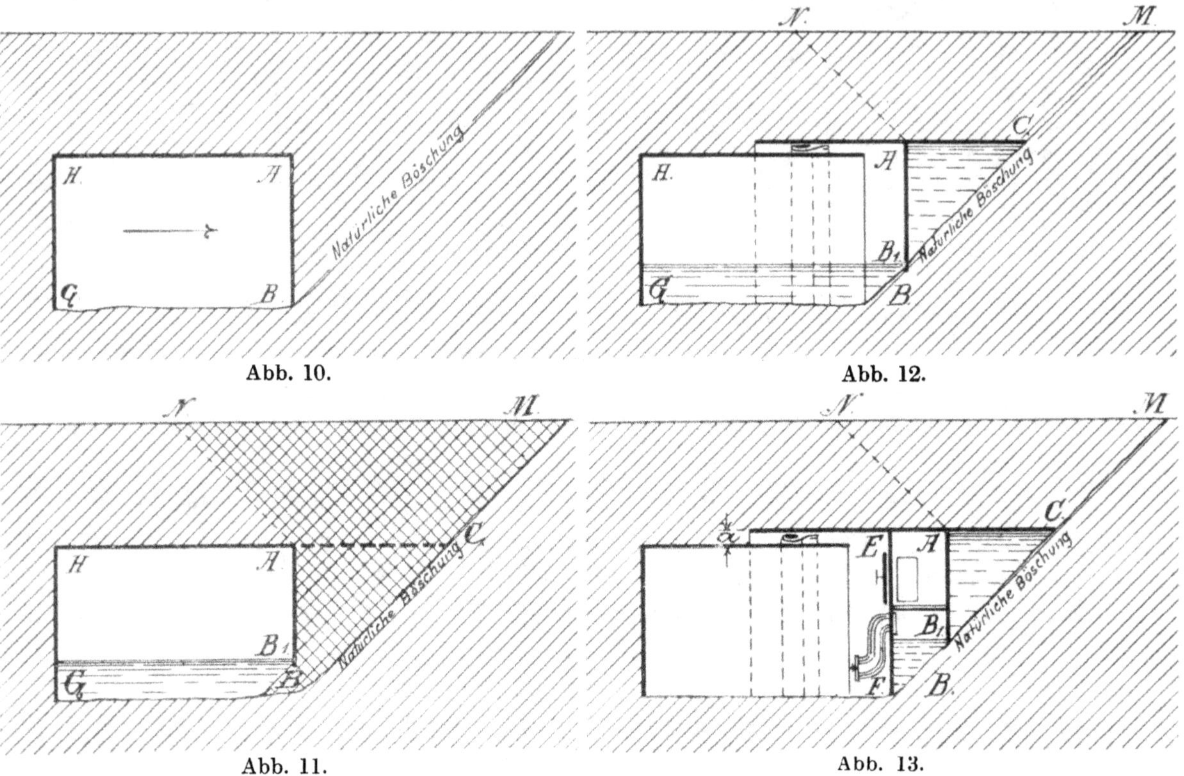

Abb. 10.Abb. 12.

Abb. 11.Abb. 13.

Schilddecke $A C$ und Seitenwände $A B C$ müssen zusammen mit der Wand $A B$ beim Vortrieb über die Decke und die festen Seitenwände des Arbeitsraumes $A B G H$ vorwärts geschoben werden (Abb. 12). Zur Vermeidung von Druckluftentweichungen sind die Fugen zwischen den feststehenden und bewegten Kammerwänden abzudichten. Gegen das Versinken der Arbeitskammer während der Vorwärtsbewegung durch die überliegende Erdlast sind Decke und Seitenwände zu schützen, z. B. durch Auflagerung der beweglichen Arbeitskammerteile auf Rollen, oder dadurch, daß man der Arbeitskammer die in den späteren Abbildungen dargestellte runde Außenform gibt.

Der von Erde entleerte Raum $A B C$ füllt sich mit Grundwasser.

Wird hinter der am unteren Ende offenen Wand $A B_1$ eine geschlossene Wand $E F$ (Abb. 13) eingesetzt, so ist es möglich, den Arbeitsraum wieder bis zur Unterkante der Umfassungswände durch Druckluft wasserfrei zu halten.

Es können also auch Arbeitsräume mit offener Sohle in von Arbeitern erreichbaren Tiefen unter Wasser in horizontaler Richtung vorgetrieben werden.

Hieraus ergeben sich Vorteile für die Ausführung, von denen folgende hier angeführt seien:

1. Bei ungenügender Tragfähigkeit des durchfahrenen Bodens sind im Arbeitsraum Gründungsarbeiten ausführbar.
2. In den Tunnelraum einzustellende Lehrgerüste können an der offenen Tunnelsohle auf Pfählen, Schwellen oder anderen Stützpunkten Auflagerung finden (Abb. 14—16).

Abb. 14.

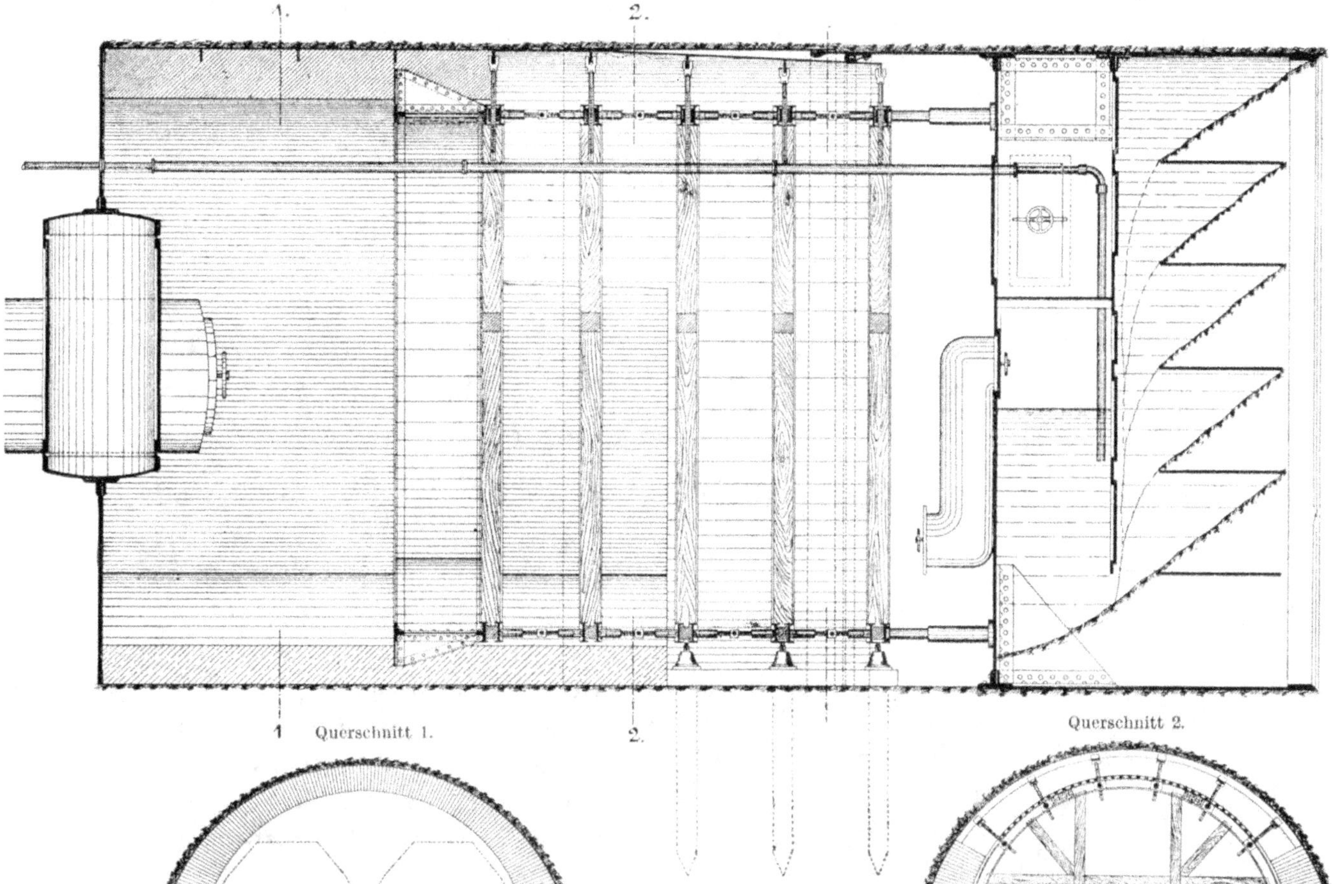

Querschnitt 1.

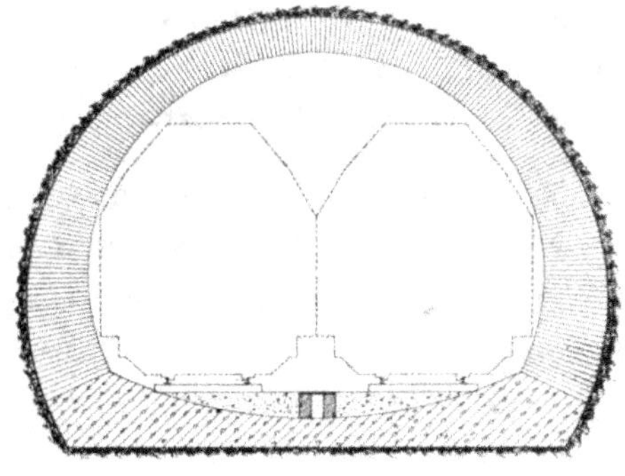

Abb. 15

Querschnitt 2.

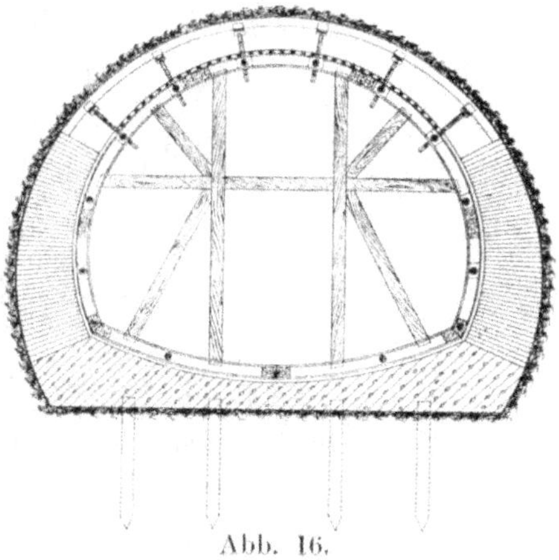

Abb. 16.

Bei Vortrieben in geneigter Richtung muß die Sohle des Arbeitsraumes an Stellen, wo der Druckluftverlust zu groß wird, geschlossen werden.

3) Der Vergleich der in Abb. 17 schematisch dargestellten Arten von Raumgewinnungsverfahren im Tiefbau untereinander führt zu dem Schlusse, daß Erd- und Gründungsarbeiten im Trockenen (I) und Bagger- und Gründungsarbeiten unter Wasser (II) hinsichtlich der Schwierigkeiten ihrer Ausführung ähnlich zueinander sich verhalten wie Tunnelbauarbeiten im Trockenen (III) und Tunnelbauarbeiten unter Wasser (IV).

Aushub offener Baugruben.

im Trockenen   unter Wasser

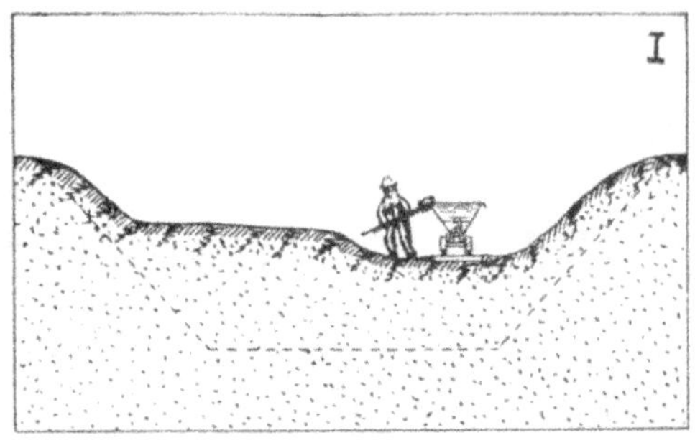

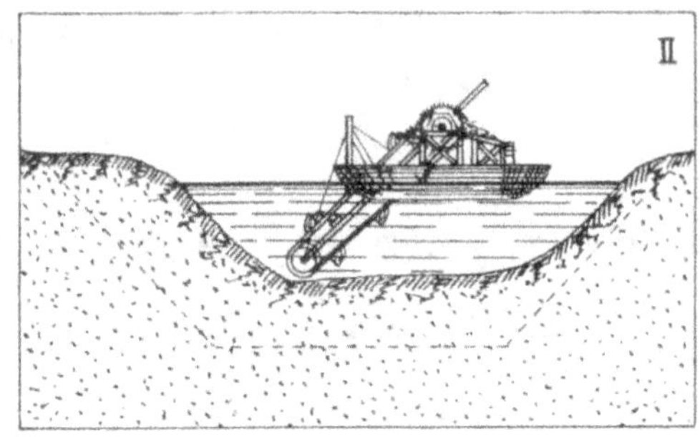

Tunnel-Bau.

im Trockenen   unter Wasser

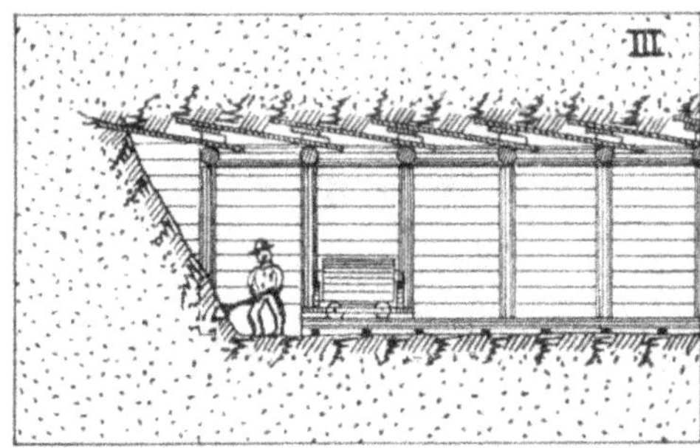

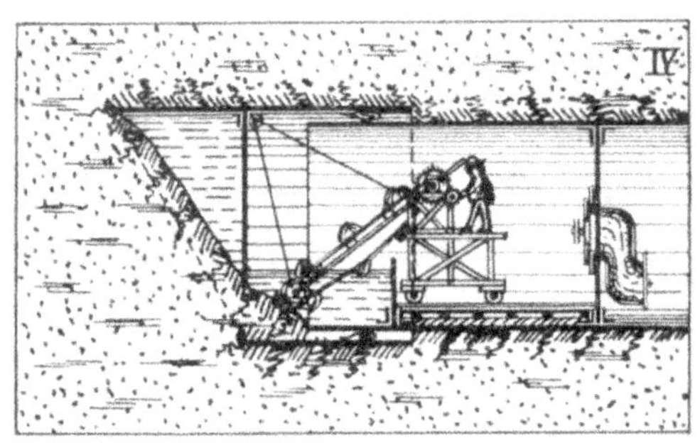

Abb. 17.

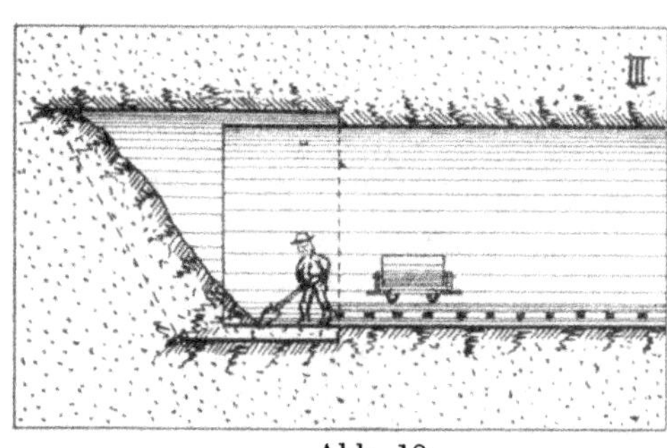

Abb. 18.

(Abb. 18 stellt schematisch das in Frankreich vielfach angewendete Tunnelbauverfahren mittels Vortriebschild im Trockenen dar und kann an die Stelle von Teil III der Abb. 17 gesetzt werden.)

Die erstgenannten drei Arbeitsverfahren sind bekannt. Die Erschließung des vierten Arbeitsverfahrens, des Unterwassertunnelbaues nach vorstehenden Ableitungen ist möglich und seiner Bedeutung und weitgehenden Anwendbarkeit wegen zu erstreben.

Ursprüngliche Vorschläge für den Bau von Unterwasser-tunneln mit Vortriebschilden und in Druckluft.

Die ersten, auf vorstehenden Betrachtungen beruhenden Vorschläge für den Bau von Untergrundbahntunneln stammen aus dem Jahre 1896. Sie sind in einer Druck-schrift des Verfassers „Röhrenvortrieb in wasserreichem Boden" vom Jahre 1898 und in der Patentschrift Nr. 93 519 niedergelegt. Zur vollständigen Darstellung der Entwicklung dieser „Grundzüge" seien diese Vorschläge hier wiedergegeben. Ver-fasser schrieb damals:

„Bei den bisher in Vorschlag oder zur Anwendung gebrachten Vortriebapparaten hat man entweder ein vorn offenes Vortriebrohr angenommen und die Böschung des in das Rohr hineingepreßten Bodens unter Druckluft gesetzt oder Quer- und Abschlußwände vorn in das Vortriebrohr eingebaut, an welchen sich das Erdreich stauen sollte, um Einstürze zu verhüten.

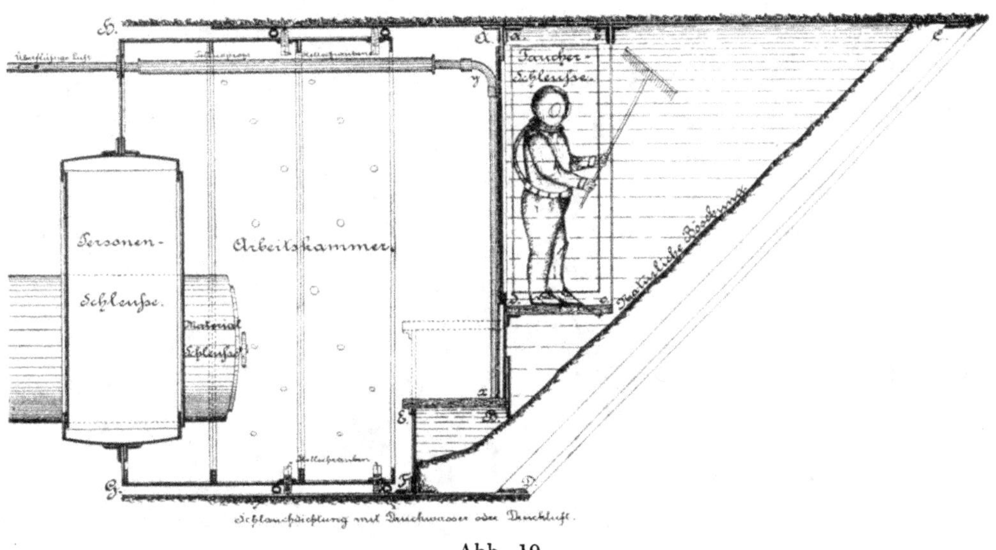

Abb. 19.

Bei ersterer Anordnung gehen große Mengen von Druckluft infolge Entweichens in das Erdreich nutzlos verloren und es besteht dabei fortwährend die Gefahr, daß die entweichende Druckluft das überstehende Erdreich aufwühlt und schädliche Wirkungen verursacht. Die Quer- und Abschlußwände setzen dagegen dem Vor-treiben großen, von den Druckpressen zu überwindenden Widerstand entgegen, beeinflussen durch ihre Form und Stellung die Richtung des Vortriebes und sind

Formänderungen ausgesetzt. Sind Türen in diesen Wänden angebracht, welche geöffnet werden müssen, um die hinter den Wänden angestaute Erde zu entfernen, so geht auch hier bei solchem Öffnen viel Druckluft unter der Gefahr zerstörender Wirkung verloren.

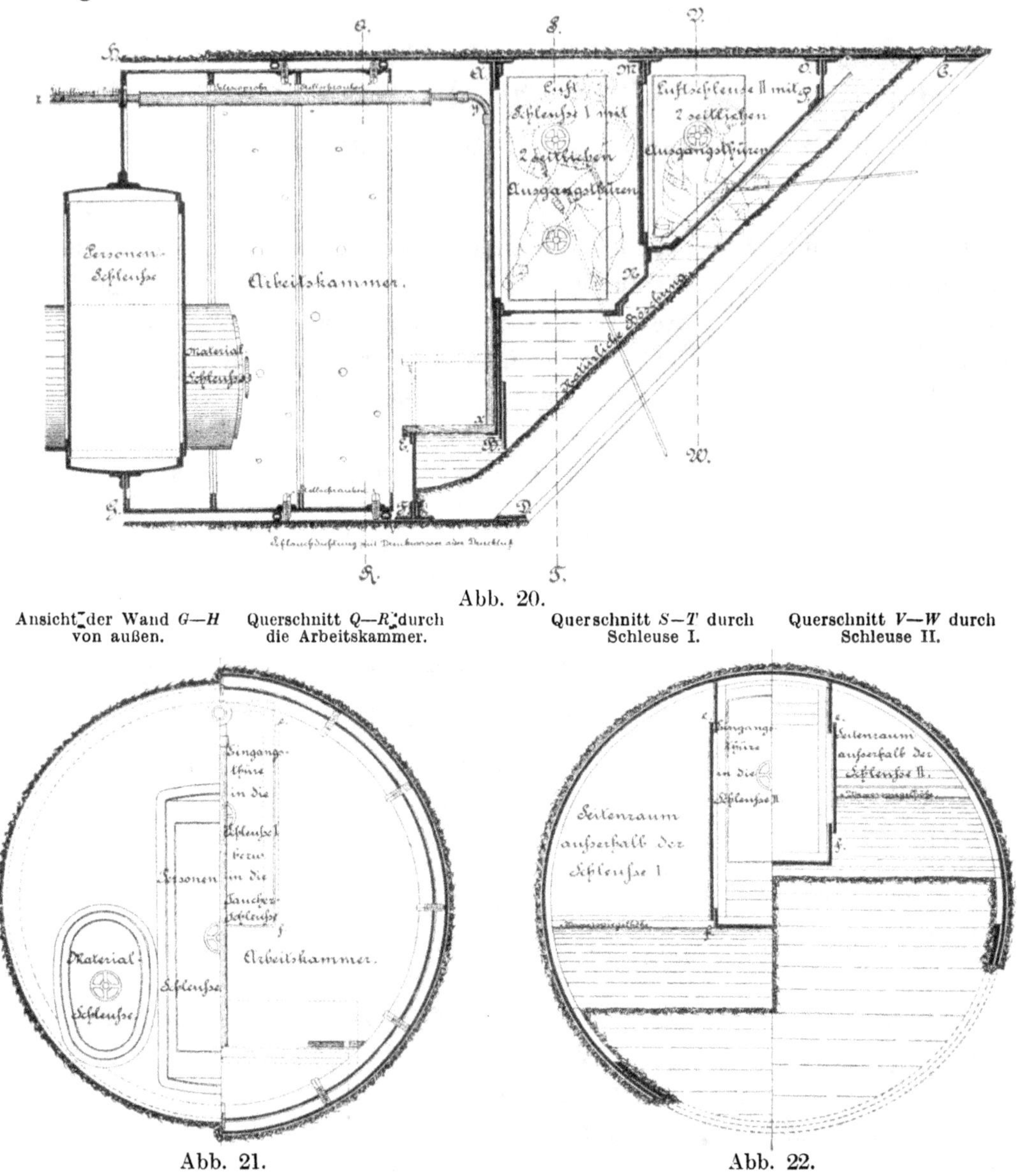

Abb. 20.

Ansicht der Wand *G—H*   Querschnitt *Q—R* durch   Querschnitt *S—T* durch   Querschnitt *V—W* durch
von außen.   die Arbeitskammer.   Schleuse I.   Schleuse II.

Abb. 21.   Abb. 22.

Diese Übelstände werden bei dem durch die beistehenden Zeichnungen (Abb. 19—24) schematisch veranschaulichten Verfahren vermieden.

Die Böschung des vom Vortriebrohre aus dem Erdreich herausgeschnittenen Bodenkernes lagert sich hier im Innern des Vortriebrohres unter Grundwasser frei ab und das Grundwasser bildet selbst einen dauernden Wasserverschluß am unteren Rande der Abschlußwand *A B* im Vortriebrohre gegen das Entweichen von Druckluft aus dem Arbeitsraum nach vorn und oben (Abb. 19, 20, 23 und 24).

Im Bedarfsfalle kann die Öffnung B mit einer Tür oder Schütze teilweise oder ganz mechanisch verschlossen werden.

Der Fuß der Böschung reicht durch die Öffnung B in den im Arbeitsraum vor der Abschlußwand $A B$ gebildeten und durch die verstellbare niedrige Wand $E F$ (Abb. 19, 20 und 24) eingedämmten Grundwassersumpf hinein, wo er mit Baggern, Schaufeln, Sandpumpen u. dgl. Geräten abgegraben werden kann.

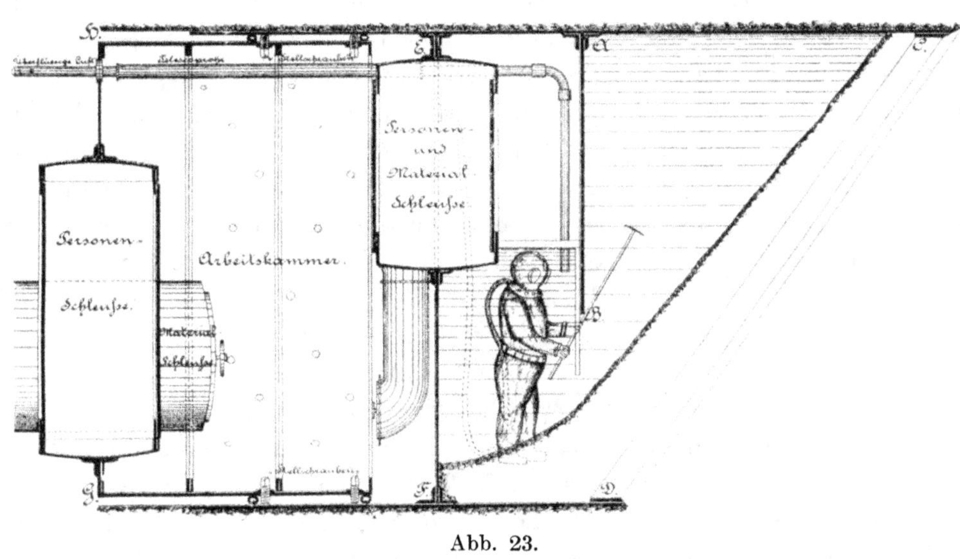

Abb. 23.

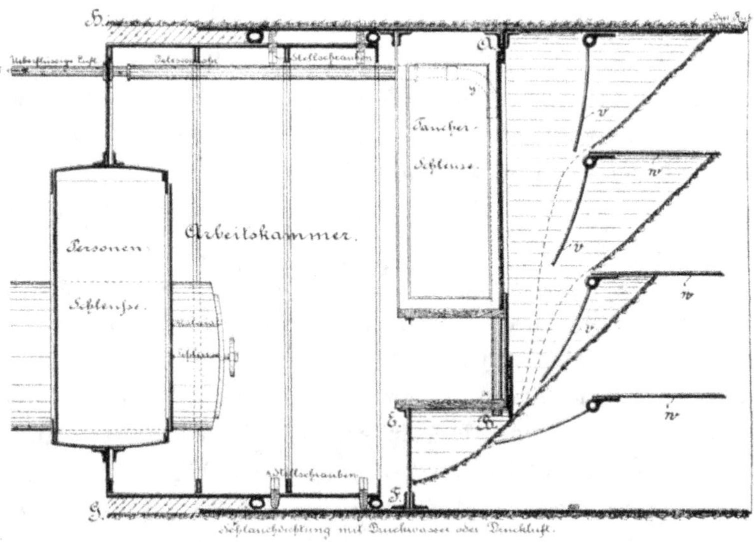

Abb. 24.

Der Vortrieb geschieht mit Hilfe von Pressen oder Schrauben dermaßen, daß die Böschung immer im Innern des Vortriebrohres verbleibt. Der Neigung der Böschung entsprechend wird die Öffnung B vergrößert oder verkleinert und die Dammwand $E F$ in ihrer Höhe verändert oder verstellt. Im Arbeitsraum hinter der Wand $E F$ sich sammelndes Grundwasser ist leicht in den Sumpf zu fördern.

Der Abgrabung des Böschungsfußes im Sumpfe folgend, rieselt die Erde unter Grundwasser der Böschung entlang in den Sumpf herunter. Von hier aus wird sie nach dem Aushub aus dem Sumpf durch Förderschleusen, die in der rückwärtigen Tunnelwand oder an sonst geeigneter Stelle sich befinden, zutage gefördert, wie dies bei pneumatischen Pfeilergründungen und Arbeiten in Taucherglocken geschieht.

Die Dichtung des Raumes zwischen der Außenfläche der Tunnelröhre und der Innenfläche des Vortriebrohres ist mittels die Tunnelröhre umfassender, mit Druckwasser oder Druckluft dauernd gefüllter Schlauchringe bewirkt gedacht.

Mit Stellschrauben kann die Größe dieses Zwischenraumes geregelt werden.

Es ist dafür zu sorgen, daß im Innern der Tunnelröhre während der Vortriebes stets derjenige Luftdruck herrscht, welcher erforderlich ist, um das Grundwasser im Sumpfe über dem Böschungsfuß auf bestimmter Höhe und die Öffnung bei B dauernd durch das Grundwasser gegen Luftausbrüche verschlossen zu halten. Überschüssige und verbrauchte Druckluft kann durch das Rohr $x\,y$ aus dem Arbeitsraum ins Freie entweichen, sobald der Luftdruck im Arbeitsraum so groß wird, daß der Wasserstand im Sumpfe die festgesetzte Höhe erreicht. Es können auch Sicherheitsventile in der Wand $G\,H$ oder an anderer geeigneter Stelle angebracht werden, welche den Luftdruck genau auf vorgeschriebener Höhe halten.

Das Auftreten treibender Bewegungen in dem zu durchfahrenden Boden — oft als das Vorkommen von Triebsand, fließendem Moor oder ähnlich bezeichnet — ist ausgeschlossen, weil der Vorraum $A\,B\,C$ stets mit Wasser gefüllt bleibt und die Gleichgewichtslage der Materialteile des Erdreichs durch Pumpen oder andere Vorkehrungen nicht gestört wird.

Der Vorraum $A\,B\,C$ ist begehbar eingerichtet gedacht, um das Abgleiten des Erdmaterials längs seiner natürlichen Böschung in den Sumpf überwachen, mit Hilfe geeigneter Werkzeuge fördern und Hindernisse, welche der Vorwärtsbewegung des Vortriebrohres sich entgegenstellen sollten, durch unmittelbaren Angriff beseitigen zu können. In leichtem Boden (Sand u. dgl.) werden Begehungen des Vorraumes selten nötig sein.

In den Abb. 19 und 23 sind Taucher zur Begehung des Vorraumes $A\,B\,C$ angenommen. Ähnlich wie man durch die Kammern einer Luftschleuse aus gewöhnlicher Luft in einen mit Druckluft erfüllten Arbeitsraum gelangen kann, ist der Übergang aus der Arbeitskammer im Tunnel in den Vorraum $A\,B\,C$ möglich. Nur muß der Arbeiter, weil er ins Wasser eingeschleust wird, in einen Taucheranzug eingekleidet und ihm die zum Atmen nötige Druckluft durch einen Schlauch aus dem Arbeitsraum zugeführt werden. Die Beleuchtung des Raumes $A\,B\,C$ ist durch in der Wand $A\,B$ angebrachte Glasfenster hindurch vom Arbeitsraum aus mit Scheinwerfer oder mittels im Wasserraum selbst aufgehängter elektrischer Lampen ausführbar.

In Abb. 20 ist der Vorraum $A\,B\,C$ durch eingebaute Querwände $M\,N$, $O\,P$ in kleinere Arbeitskammern eingeteilt (Kammertreppe). Aus jeder dieser Kammern läßt sich das Grundwasser durch aus dem Hauptarbeitsraum entnommene Druckluft ganz oder teilweise nach unten soweit verdrängen, bis die Arbeiter in diese Einzelkammern durch Luftschleusen hindurch eintreten und ihre Arbeiten wie in kleinen Taucherglocken oder Senkkasten verrichten können. Auch aus diesen Kammern dürfen keine Luftausbrüche stattfinden. Zu viel eingeströmte Druckluft muß, ohne schädliche Wirkungen äußern zu können, durch Ventile oder Rohre, ähnlich wie aus dem Hauptarbeitsraum, abgeleitet werden.

In Abb. 23 schließt die Wand EF das Vortriebrohr ganz ab und ist mit Personen- und Materialschleusen ausgerüstet. Der Sumpf zwischen den Wänden AB und EF ist hier größer und mit Grundwasser so hoch gefüllt, daß der in einen Taucheranzug gekleidete Arbeiter nur in den Sumpf einzusteigen braucht und alsdann unter der Wand AB hindurch in den Vorraum ABC gelangen kann, ohne Schleusen zu betreten. Da bei dieser Ausführung der Luftdruck vor und hinter der Wand EF verschieden groß ist, erscheint die Anordnung von Schleusen in der Wand EF notwendig.

Bei dem in Abb. 24 veranschaulichten Verfahren wird die Böschung auf übereinanderliegenden, wagerechten Wänden w abgefangen. An der Rückseite der so gebildeten Gefache sind Pendelklappen v vorgesehen, welche nötigenfalls geschlossen werden können, gewöhnlich aber offenbleiben, so daß die Wirkungsweise dieser Vorrichtung sowohl in bezug auf das Abschließen der Druckluft als auch in Hinsicht auf die freie Ablagerung des Bodens unter Grundwasser den vorherbeschriebenen Einrichtungen gleichwertig ist.

Der bedeutende Auftrieb unter Wasser ausgeführter Tunnelrohrstrecken wird zweckmäßig durch baldigste Ausmauerung der aus eisernen Platten hergestellt gedachten Wände und durch Einbringung einer gemauerten oder betonierten kräftigen Tunnelsohle aufgewogen. Dadurch tritt an die Stelle des eisernen Tunnels ein gemauerter Tunnel.

Insbesondere ist jedes Auftreiben des Vortriebrohres zu verhüten, weil dadurch leicht die Tunnelrichtung verändert wird. Am besten wird dieses Auftreiben durch die dauernde, sich von selbst ergebende Füllung des Vorraumes ABC mit Grundwasser vermieden.

Bei Anwendung eines ringsum geschlossenen Tunnelmantels und Einsetzung einer den Innenraum des Vortriebrohres ganz abschließenden, mit Personen- und Förderschleußen ausgerüsteten Wand EF (Abb. 23) können alle im Tunnelraum zu bewerkstelligenden Arbeiten in gewöhnlicher Luft ausgeführt werden. Der Arbeitsraum ist gegen das Eindringen des Grundwassers abgeschlossen. Die rückwärtige Abschlußwand GH mit ihren Schleusen ist entbehrlich, oder die Türen in letzteren können in der Regel offen bleiben und nur in die mit dem Vortriebrohr vorwärts zu bewegende, verhältnismäßig kleine Arbeitskammer vor der Wand EF und über dem Böschungsfuß, aus welcher der Boden durch die Schleusen in letzterer Wand in den Tunnelraum gefördert wird, ist Druckluft einzuführen.

Der Vortrieb wird in diesem Falle erschwert, weil der Druck der vor der Wand EF ruhenden Wassersäule von den Pressen mitüberwunden werden muß. Aber der Verbrauch an Druckluft und der Umfang der in Druckluft auszuführenden Arbeiten werden auf das geringste Maß beschränkt und die Ausführung aller im Tunnelraum zu leistenden Arbeiten — mit Ausnahme derjenigen des Vortreibens — wird wesentlich erleichtert.

Die zu verlängernde Tunnelmantelröhre muß stark gebaut werden, wenn sie die Last der über ihr lagernden Erde tragen und auch dem wagerechten Drucke der Vortriebpressen widerstehen soll. Überträgt man die Erdlast mit geeigneten Stützen auf eine Anzahl in den Tunnelarbeitsraum eingebauter Lehrgerüstbinder und den Pressendruck auf das rückwärts im Arbeitsraum fertiggestellte Wandmauerwerk, so bedürfen die Tunnelmantelbleche nur geringer Stärken.

Die Ausführungskosten langer Tunnelstrecken verringern sich durch derartige Lastabtragungen, besonders bei Tunneln von großen Querschnittsabmessungen.

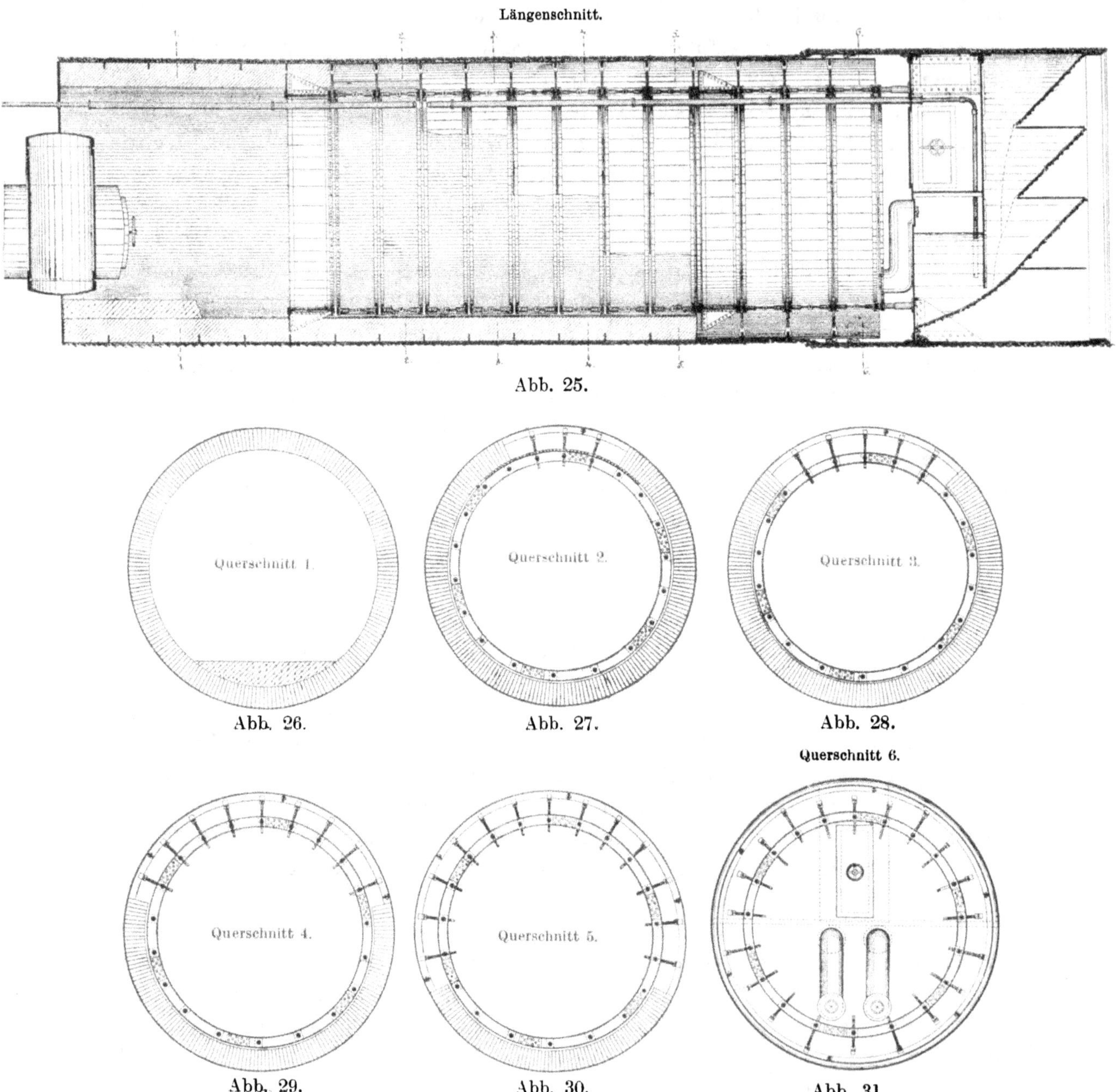

In den Abbildungen 25—31 ist die Rohrwand des Tunnelmantels als aus gekrümmten Blechen mit Verbindungsflanschen an den Rändern bestehend gedacht.

Die Lehrgerüstbinder sollen aus je zwei nebeneinandergestellten, der Tunnelquerschnittsform entsprechend gekrümmten I-Trägern gebildet werden. Zwischen die Stege dieser Träger sind Gußklötze mit Muttergewinde gelagert, durch welche in radialer Richtung Stockspindeln gedreht sind, die die Abstützung des Tunnelmantels bewirken.

Zum Zwecke der Übertragung des Pressendruckes auf das rückwärtige Tunnelmauerwerk sind ferner zwischen dieselben Mutterklötze wagerecht liegende Stockwinden eingesetzt. Durch Festdrehen dieser Stockwinden erhält das korbartige Lehrgerüstgebilde auch in wagerechter Richtung Spannung. Ein Teil der Stockwinden wird durch Holzstempel mit Antriebkeilen an den Enden ersetzt werden dürfen.

Stellenweise muß anstatt einer Reihe in den gleichen Tunnelring einzusetzender Stockwinden oder Stempel eine liegende Röhrentrommel zwischen zwei benachbarte Lehrgerüstbinder eingebaut werden, an deren Außenfläche zur Absetzung des Pressendruckes auf das umliegende Mauerwerk fußartige Stützen befestigt sind. Die Stärke dieser Röhrentrommeln ist nach den Momenten der angreifenden Pressenkräfte zu berechnen.

Parallel zur Vortriebrichtung lassen sich im Arbeitsraume noch alle sonst erforderlichen Verstrebungen zwischen die Lehrgerüstbinder einbauen. Senkrecht zur Vortriebrichtung auftretende, verhältnismäßig geringe Seitenkräfte des Pressendruckes werden in der Regel schon in der die Tunnelröhre umhüllenden Erde ausreichendem Widerstand begegnen und Verbiegungen der Tunnelröhre in ihrer Längenrichtung werden daher auch beim Fehlen solcher Verstrebungen selten zu befürchten sein.

Der Auftrieb einer Tunnelstrecke muß dauernd aufgewogen werden durch das Gewicht des Tunnelmantels und in denselben eingebauter Teile, ferner durch die Last der überliegenden Erde, des ausgeführten Tunnelmauerwerks und in den Arbeitsraum nach Bedarf geförderter und daselbst verteilter Belastungsmassen. Letztere werden gewöhnlich und vorteilhaft aus im Arbeitsraum ohnedies abzulagernden Vorratsmengen von Mauermaterialien bestehen.

Die Lehrgerüstbinder dienen außer zu den erwähnten Zwecken der Mantelaussteifung und der Übertragung des Pressendruckes noch zur Ausführung des Mauerwerks der Tunneldecke auf Schalung in üblicher Weise.

Ist eine Röhrenstrecke soweit fertiggestellt, daß das Mauerwerk den Druck der Vortriebpressen aufnehmen kann, so wird der Lehrgerüsteinbau aus dieser Strecke entfernt, um an anderer Stelle wieder verwendet zu werden." —

Gegen diese Vorschläge sind nach ihrem Bekanntwerden Bedenken geäußert worden. So wurde darauf hingewiesen, daß die Regelung des Luftdruckes durch das in den Abb. 19 und 20 angedeutete Rohr $x\,y$, das zur Abführung überschüssiger Druckluft dienen soll, gefährlich sei, weil die Druckluft elastisch ist und jedes stoßweise Entweichen von Druckluft aus dem Arbeitsraum heftige Schwankungen des Grundwasserstandes im Sumpfe am Fuße der Wand $A\,B$ zur Folge haben werde. Der Einwand ist anzuerkennen. Das Rohr $x\,y$ sollte aber auch nur andeuten, daß die Regelung des Luftdruckes beabsichtigt war. In der Praxis wird man überschüssige Druckluft nicht stoßweise entweichen lassen, sondern man wird die Druckluftzu- und -abfuhr durch genau wirkende Druckminder- und ähnliche Ventile, deren es viele Arten gibt, sorgfältigst regeln. Es sei beispielsweise daran erinnert, daß Einzeltaucher, die mit Tornisterapparaten tauchen, im Tornister ein empfindlichstes, dauernd spielendes Ventil tragen, das den Luftdruck im Taucherhelm genau der Wassertiefe entsprechend, in der der Taucher arbeitet, fortwährend regelt. Diese Art der Druckregelung würde sich auch für große Arbeitsräume unter Wasser verwenden lassen, wie Abb. 32 schematisch andeutet.

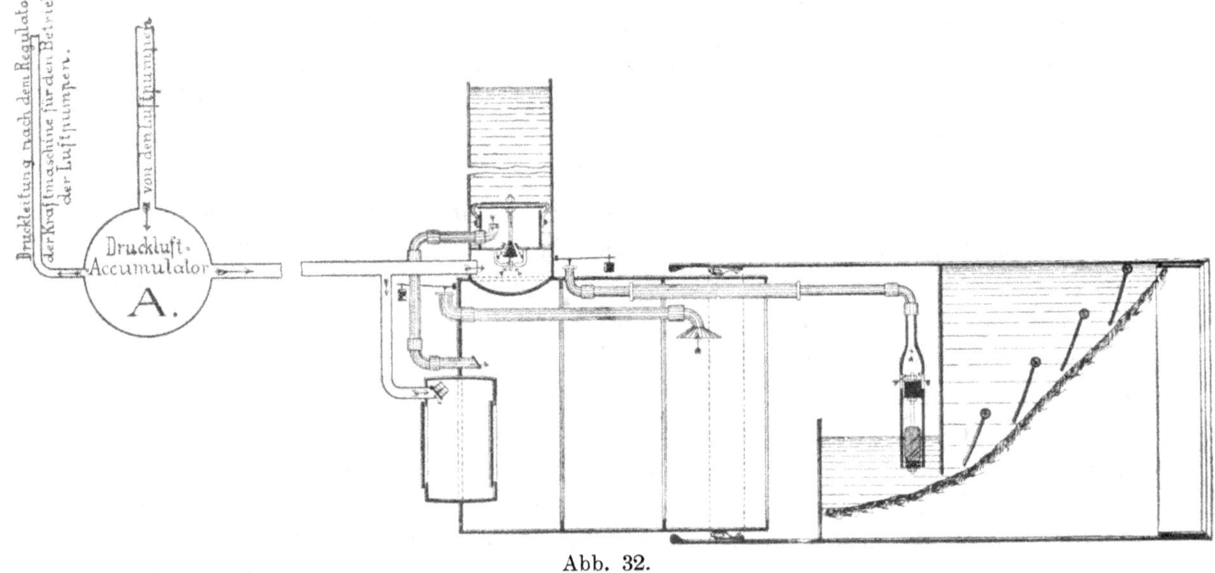

Abb. 32.

Weiter wurde bemerkt, der Aufenthalt im Vorraum vor der Wand $A\,B$ sei für den Taucher kein angenehmer. Die späteren Betrachtungen zeigen, daß von der Tauchertätigkeit im Vorraum abgesehen werden kann.

Der fernere Einwand, daß der Vorraum vor der Wand $A\,B$ unter allen Umständen begehbar sein müsse, damit Hindernisse vor dem Vortriebschild von Hand beseitigt werden können, kann nicht gelten; denn Sache des bauleitenden Ingenieurs ist es, die geeigneten Hilfsmittel zur Beseitigung solcher Hindernisse unter Wasser zu erfinden und anzuwenden. Wie bei gewöhnlichen Tiefbauarbeiten Hindernisse im Boden durch Eimerbagger, Greifbagger, Stoßmeißel und andere Geräte unter Wasser entfernt und zertrümmert werden, müssen auch bei Ausführung von Unterwassertunneln für den gleichen Zweck passende Geräte und Hilfsmittel Anwendung finden. Die späteren Vorschläge weisen auf solche Hilfsmittel hin.

Endlich wurde eingewendet, im Triebsand seien vorn geschlossene Vortriebschilde nicht anwendbar, weil der Raum vor der Wand AB sich mit Triebsand dauernd füllen werde.

Über die Begriffe von Triebsand, Flugsand, Schwimmsand, Schluff, und wie die Bezeichnungen für leicht beweglichen Sand- und ähnlichen Boden sonst lauten, herrschen noch immer unklare Ansichten. Darum sei über die Eigenschaften dieser Bodenarten hier folgendes wiedergegeben:

Über Triebsand.

Triebsand ist feinkörniger Sand, der, dicht gelagert, ein guter Baugrund ist, in fließendem Wasser aber leichter in forttreibende Bewegung gerät, als Sand von gröberer Korngröße. Es ist getriebener, aber kein selbst treibender Sand. Die Sandkörner sind kleine Steinchen, deren spezifisches Gewicht größer ist als 1. Ohne treibende Bewegungen des Wassers oder des die Sandkörner umhüllenden Bindemittels entsteht kein Triebsand.

Wie jede Bodenart, so lagert sich auch feinkörniger Sand — Triebsand — in Ruhe unter natürlicher Böschung ab. Die Neigung der natürlichen Böschung gegen die Horizontale ist von der Form und Lagerung der Bodenbestandteile, sowie vom Grade der Flüssigkeit und der Bindekraft des die Teile umgebenden Mittels — Wasser, Mörtel, Lehm, Ton u. dgl. — abhängig.

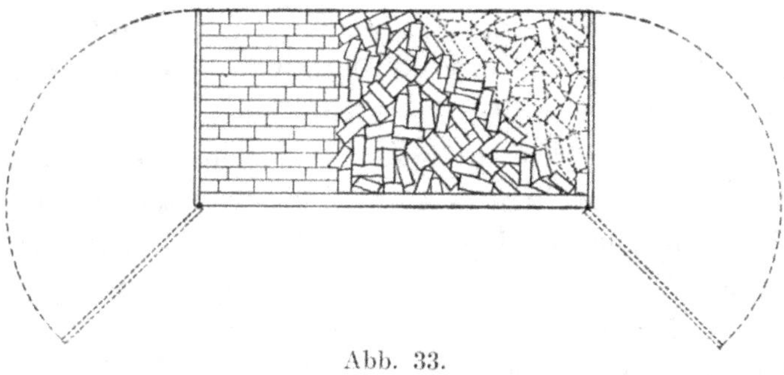

Abb. 33.

Füllt man einen Kasten, dessen Seitenwände nach außen umlegbar sind, mit Steinen von regelmäßiger Form, etwa Ziegelsteinen, in unregelmäßiger Lagerung, (wie auf der rechten Seite der Abb. 33 dargestellt ist) und klappt man hierauf die rechte Seitenwand des Kastens nach außen um, so fallen alle punktiert gezeichneten Steine aus dem Kasten heraus, weil sie ihre Schwerpunktsunterstützung verlieren. Die übrigen Steine bleiben unter der natürlichen Böschung der Steinschüttung im Kasten liegen.

Sind die Steine dagegen regelmäßig aufeinander geschichtet (wie in Abb. 33 links gezeichnet), so fallen nach dem Umklappen der linken Seitenwand keine Steine aus dem Kasten heraus, sondern alle Steine bleiben unter senkrechter natürlicher Böschung im Kasten aufgeschichtet stehen.

An diesem Vorgang ändert sich nichts, wenn der Kasten anstatt mit großen Steinen mit kleineren oder kleinsten Steinen (Sand) gefüllt wird. Es ändert sich auch nichts, wenn der Versuch, anstatt an der Luft, unter der Oberfläche eines Wasserbades, in das der Steinkasten eingesenkt worden ist, ausgeführt wird.

Dreht man eine mit einer gesättigten Mischung von Wasser und feinem Sand gefüllte, aufrechtstehende Glasröhre mit durchsichtiger Wand, die unten durch einen Kolben, oben mit einer Platte verschlossen ist, in einem Wasserbad (Abb. 34) in horizontale Lage um (Abb. 35) und öffnet man hierauf das durch die Platte verschlossene Ende der Röhre unter Wasser, so fällt der Sand aus dem in Abb. 35 durch das Dreieck $a\,b\,c$ bezeichneten Raume — unter in wenigen Sekunden vorübergehender Trübung

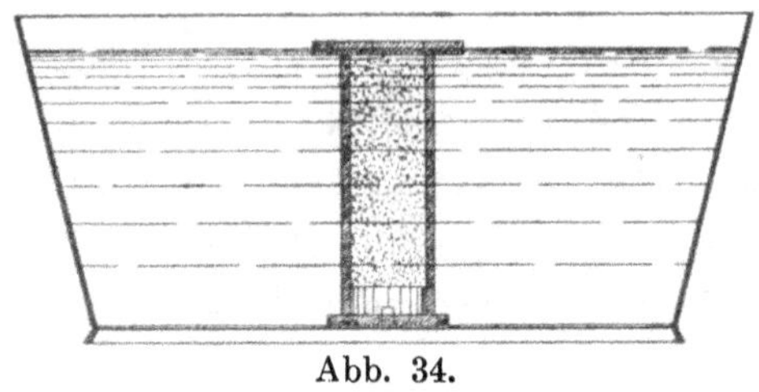

Abb. 34.

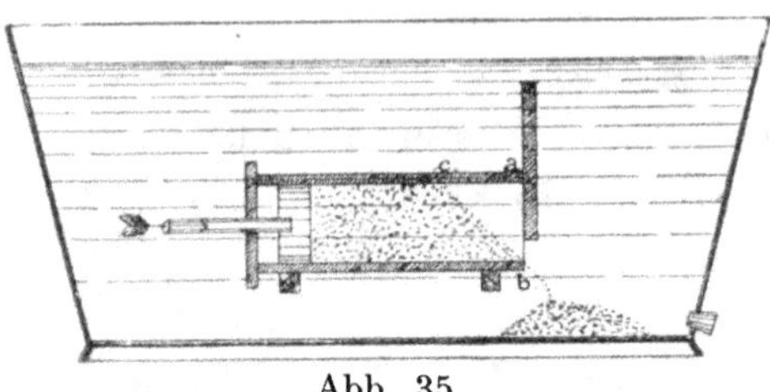

Abb. 35.

des Wassers — aus der Röhre heraus. Der übrige Sand bleibt in der Röhre unter natürlicher Böschung liegen. Drückt man alsdann den Kolben am linken Röhrenende (Abb. 35) tiefer in die Röhre hinein, so fließt aller Sand am rechten geöffneten Röhrenende allmählich aus der Röhre heraus. Die natürliche Böschung des Sandes verbleibt dabei immer an der gleichen Stelle in der Röhre. Man kann das Abschälen der Böschung und das Abrieseln des Sandes unter Wasser durch die Glaswandung der Röhre hindurch beobachten. Wird die Glasröhre ganz langsam aus dem Wasser herausgehoben, so ändert sich die Lage der natürlichen Böschung des Sandes in der Röhre wenig oder gar nicht. Geschieht dieses Herausheben der Röhre dagegen schnell, oder läßt man das Wasser aus dem Wasserbad in so kurzer Zeit auslaufen, daß das Wasser in der Röhre in fließende Bewegung gerät, so strömt der Sand teilweise mit dem Wasser aus der Röhre heraus. Die natürliche Böschung wird um so flacher, je feiner der Sand und je größer die Geschwindigkeit des ausfließenden Wassers ist, denn:

Wenn in fließendem Wasser auf ein würfelförmiges Sandkorn von der Kantenlänge $s = 1$ und dem Gewicht $q = 1$ senkrecht zu einer Seitenfläche des Würfels die Triebkraft $p = 1$ wirkt (Abb. 36), so wirkt in demselben fließenden Wasser auf einen Sandkornwürfel aus gleichem Material von der Kantenlänge $s = 2$ und dem Gewicht $Q = 8\,q$ senkrecht auf die Seitenfläche die Triebkraft $P = 4\,p$ (Abb. 37). Die Resultierende r aus p und q ist flacher gegen die Horizontale geneigt, als die Resultierende R aus Gewicht Q und der Seitenkraft P. Der größere Würfel bleibt im Wasser liegen, der kleinere Würfel wird vom Wasser weggespült. Dies tritt in Wirklichkeit noch viel leichter ein, weil die Sandkörner nicht Würfel- sondern Kugelform und eine nur sehr kleine Auf-

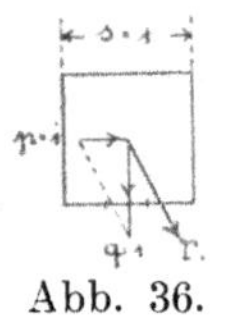

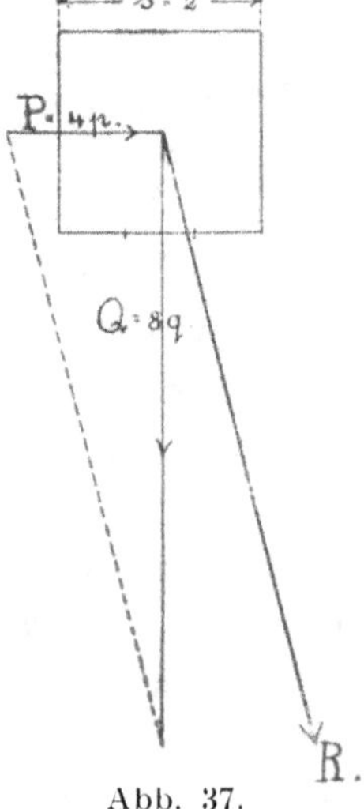

Abb. 36.

Abb. 37.

lagerfläche haben. Je feinkörniger der Sand ist, um so leichter wird er von fließendem Wasser fortgetrieben. Grober Kies und grobes Geschiebe lassen Wasser leichter durch, bleiben aber liegen. Ohne Wasserbewegung treibt kein Sand. Ist Sand so feinkörnig und von Bindemitteln frei, daß er leicht in Bewegung gerät, so kann er ebenso leicht durch künstlich und willkürlich erzeugte Wasserbewegungen, wie Spülungen, Strahlungen, Absaugungen usw. entfernt werden.

Ist das spezifische Gewicht der Bodenteilchen kleiner als 1, d. h. schwimmen die Teilchen im Wasser, so bilden sie Schlamm-, Moor-, Torf- und ähnlichen Boden, der in dünner Lösung wie Wasser gepumpt oder durch Druckluft verdrängt werden kann.

Diese Betrachtungen erklären die Gefährlichkeit aller Bauausführungen in offenen, in Sand- oder ähnlichem Boden hergestellten und von Fangedämmen oder Spundwänden umschlossenen Baugruben. Die kleinste Wasserdurchsickerung unter den Fangedämmen oder Spundwänden spült den im Wege liegenden Sand leicht weg, der Durchbruchsweg erweitert sich schnellstens, die Baugrube versäuft samt den darin fertig oder halbfertig hergestellten Bauwerken, die, wenn unterspült, oftmals abgebrochen und neu aufgeführt werden müssen. Vor diesen Gefahren kann nicht genug gewarnt werden! Zur Wasserentfernung aus Baugruben in leichtbeweglichem Boden gibt es nun zwei sicher zum Ziele führende Mittel: Grundwasserabsenkung mit Tiefbrunnen und Wasserverdrängung durch Druckluft. Fangedämme oder Spundwände sind nur in wasserfestem Boden und bei geringen Wassertiefen anwendbar.

———

Neuere Vorschläge für den Bau von Unterwassertunneln.

Als der Ausführung der neueren Berliner Untergrundbahnen (Nord-Südbahn und Schnellbahn Gesundbrunnen-Neukölln) nähergetreten wurde und es sich um die Lösung der Frage handelte, wie der Verkehr auf der im Zuge der Friedrichstraße über die Spree führenden Brücke und auf der Spree selbst während des Baues ungestört aufrecht erhalten werden könnte und wie die vielen lästigen, mit der offenen Bauweise verbundenen Verkehrsstörungen, die geräuschvollen und sonstigen unangenehmen Ramm- und anderen Arbeiten in den Straßen mit ihren übeln Folgen — Schäden an den Häusern, Geschäftsstörungen, Prozessen, Straßensperrungen, Verkehrsverlegungen u. dgl. — möglichst zu vermeiden seien, entstanden die folgenden weiteren Betrachtungen:

Bei den seitherigen Ausführungen von Tunneln unter Wasser wurde in bezug auf Bodenbeschaffenheit und Grundwasserstand von Voraussetzungen ausgegangen, die für die Lösung der Frage der Ausführung solcher Tunnel im allgemeinen nicht zulässig sind.

Mit solchen, oft gefährlichen Voraussetzungen — z. B., daß das Grundwasser bis unter die Sohle des Tunnels abgesenkt werden könne und das Tunnelmauerwerk hierauf in trockener Baugrube ausführbar sei, oder daß die zu untertunnelnde Flußsohle so luftdicht sein werde oder durch aufzubringende Ton- u. dgl. Bodenschichten so abgedichtet werden könne, daß es gelingen werde, durch Einpumpen großer Luftmengen in das Erdreich eine Druckluftblase unter der Flußsohle herzustellen, in der im Innern eines Vortriebschildes die Bodenmassen im Trockenen gelöst und gefördert werden können — umgeht man die Schwierigkeiten des Tunnelbaues unter Wasser. Natürliche Vorteile, die während einer Bauausführung sich bieten, wird man stets ausnützen; solche Vorteile dürfen aber nicht als sich sicher bietende, d. h. als Bedingung für die Ausführbarkeit des Bauwerkes, von vornherein angenommen werden.

Finden sich in dem vom Tunnelvortriebschild zu durchfahrenden Boden Steine, Stämme oder andere Hindernisse, so müssen diese Hindernisse unter Wasser zerteilt oder zertrümmert werden, um in kleineren Teilen durch Öffnungen am unteren Ende der vorderen Abschlußwand des Schildes zutage gefördert werden zu können.

Vor dem Vortriebschild fest anstehende Bodenarten, z. B. Lehm- oder Tonschichten, müssen in dem Vorraum vor dem Schild unter Wasser gelöst werden, sei es durch Baggerungen oder durch Druckwasserspülungen oder mit Hilfe von Stoßbohrern und ähnlichen Geräten.

Jede Stelle im Vorraum muß von Druckwasserstrahlen, Stoßbohrern, Kratzern, Brech- od. dgl. Geräten berührt und angegriffen werden können.

Ferner erscheint die Verlegung des größten Teils des Druckes der Vortriebpressen nach der Mitte des Tunnelraumes hin und die Übertragung dieses Druckes von hier aus mit Hilfe geeigneter Hilfskonstruktionen auf das rückwärts liegende, fertige und abgebundene Tunnelmauerwerk als zweckmäßig. Am Rande des Tunnels sollen nur kleinere Hilfs- und Richtungspressen wirken, die einerseits gegen die Schildteile, andererseits gegen das Tunnelmauerwerk, oder besser noch gegen in den Tunnel eingebaute Hilfsgerüste, die ihrerseits wieder den Druck der Pressen auf das fertige Tunnelmauerwerk nach rückwärts übertragen, drücken.

Die schweren Eisenumhüllungen der Unterwassertunnel sind durch leichte Umhüllungen aus Eisen oder Holz zu ersetzen und die Last des über dem Tunnel liegenden Erdbodens und der seitliche Erddruck gegen den Tunnel sind auf eingebaute Lehrgerüste zu übertragen.

Es erscheint als möglich, die Umkleidung an das den Tunnel umgebende Erdreich anzudrücken und Erdeinsenkungen über und neben dem Tunnel zu verringern oder zu vermeiden.

Schließlich sind die Vortriebschilde so einzurichten, daß die Verschiebbarkeit des Kappenschildes über dem Raume vor der vorderen Abschlußwand des Vortriebschildes in der Tunnelrichtung vor- und rückwärts — zur Verhütung von Erdeinbrüchen in den Vorraum bei wechselnder Böschungsneigung — die Förderung oder Absaugung des aus der Vorkammer des Schildes zu entfernenden Bodens durch in die Sohle des Schildes eingelegte Röhren und die Anordnung von Personen- und Förderschleusen in der hinteren Abschlußwand des Vortriebschildes möglich sind.

---

1. Der Tunnelbohrer.

Der in den Abb. 38—40 dargestellte Vortriebschild besteht aus zwei Hauptteilen:

1. einem schweren, doppelwandigen Außenteil (1), mit starker hinterer Abschlußwand, nach Bedarf verstellbarem Kappenschild und in die Sohle eingelegten Röhren, zur Förderung oder Absaugung der vor der vorderen Abschlußwand zu lösenden und zu entfernenden Bodenmassen;

2. einem leichteren, innerhalb des Außenteils um seine Längsachse drehbaren Innenteil (2), mit kräftiger vorderer Abschlußwand, die mit Türen und Gelenken ausgerüstet ist.

Die Türe der Öffnung (3) in der Mitte der vorderen Abschlußwand des Innenteils kann in trockenem Erdreich oder bei einem Grundwasserstand, der die Begehung des Vorraumes (4) vor der Abschlußwand zuläßt, geöffnet bleiben.

Die darunterliegende Öffnung (5) an der Sohle des Innenteils dient zur Wegräumung des Bodens am Fuße der natürlichen Böschung in der Vorkammer (4), wenn der Boden nicht durch die Abführungsröhren (6) abgesaugt oder mechanisch

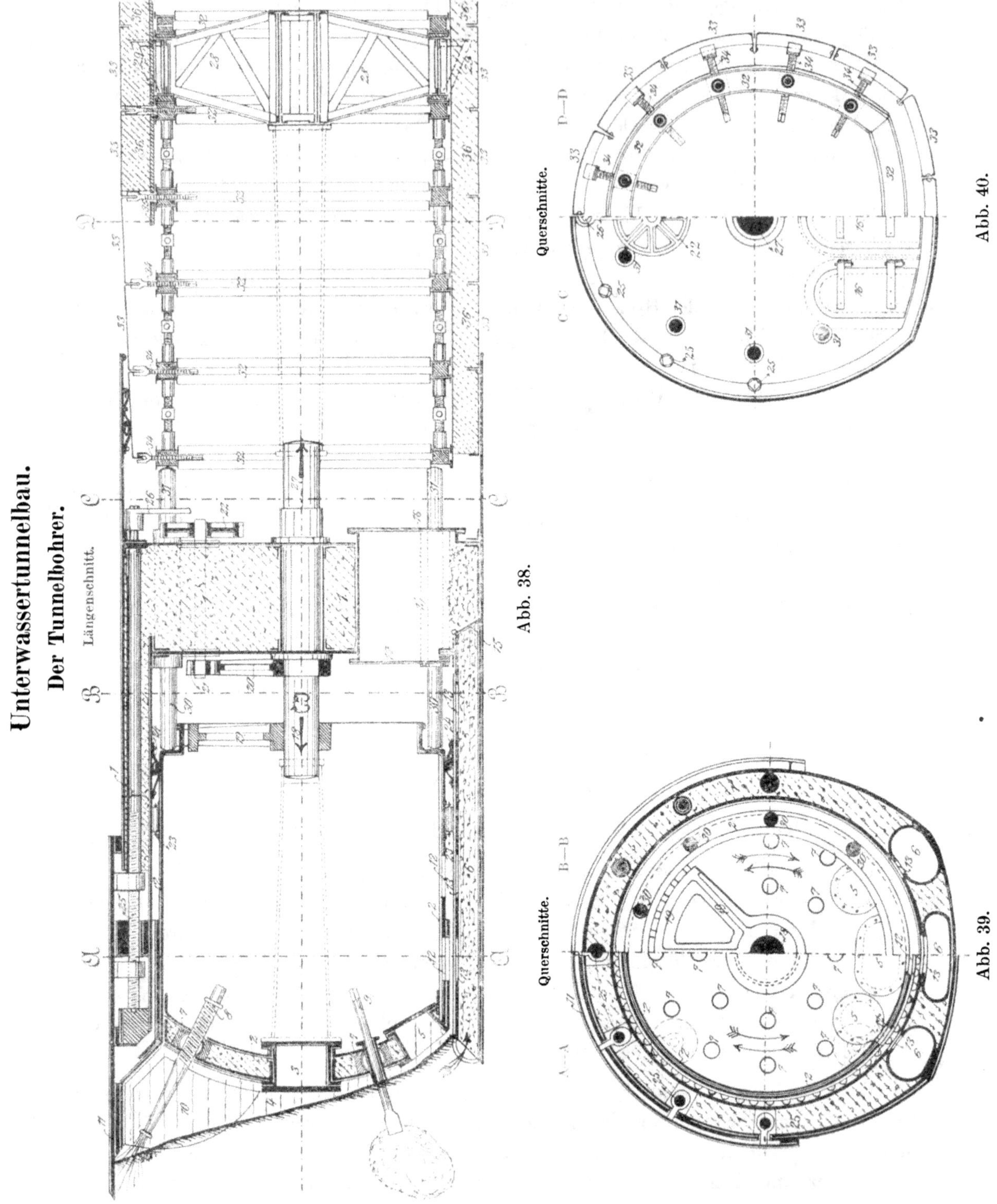

Unterwassertunnelbau.
Der Tunnelbohrer.
Längenschnitt.
Abb. 38.
Querschnitte.
C–C
D–D
Abb. 40.
Querschnitte.
A–A
B–B
Abb. 39.

durch diese Röhren befördert wird, sowie zur Reinigung der vorderen Mündungen der Abführungsröhren (6) bei vorkommenden Verstopfungen.

Die vordere Abschlußwand des Innenteils (2) ist mit einer Anzahl von Kugel- oder sonst geeigneten Gelenken (7) versehen, in die nach Bedarf Strahlrohre (8) für Druck- oder Spülwassereinführung oder Stopfbüchsen mit durchgehenden Stoß- meißeln (9), Bohrern, Sondier- u. dgl. Stangen einsetzbar sind. Mit Hilfe dieser Strahlrohre, Stoßmeißeln usw. kann das Erdmaterial in der Vorkammer (4) gelöst und zum Herabfallen auf die Sohle der Vorkammer gebracht werden. Hindernisse im Boden, Steine u. dgl., sind im Vorraum zu zertrümmern und ebenfalls zum Herab- fallen zu bringen.

Durch die Bewegung der Hilfswerkzeuge (8 u. 9) in den Gelenken (7) und in den Stopfbüchsen, in Verbindung mit der Drehung des Innenteils (2) um seine Längs- achse, ist jeder Punkt in der Vorkammer (4) angreifbar.

Bei günstigen Boden- und Grundwasserverhältnissen wird auf die Bewegung des Innenteils im Außenteil verzichtet werden können; es werden dann zweckmäßig beide Teile fest miteinander verbunden.

Der Außenteil (1) hat keine kreisrunde äußere Querschnittsform, wie der Innenteil, damit die Kräfte der Drehmomente bei der wälzenden Bewegung des Innenteils (2) auf das umgebende Erdreich übertragen werden und der Außenteil bei der wälzenden Bewegung des Innenteils sich nicht gleichzeitig und in entgegen- gesetzter Richtung im Boden mitdrehen kann.

Vor der vorderen Abschlußwand des Innenteils (2) sind Konsolen (10) in radialer Stellung an der Wand befestigt, die die Schildkappe (11) unterstützen. Die an ihrem freien Ende verstärkten Stehbleche dieser Konsolen räumen bei der Drehung des Innenteils den ihrer Bewegung hinderlichen Boden fort, d. h. sie lösen diesen Boden und bringen ihn zum Fallen in die Tiefe, von wo er weggefördert oder abgesaugt wird.

Bodenschlitze (12) im Innenteil (2) des Vortriebschildes und Schlitze (13) im oberen Teil der Förderröhren (6) ermöglichen die mechanische Förderung des ge- lösten Bodens mit Schaufeln und anderen Instrumenten nach rückwärts in die Schleusenkammern (14), die in der rückwärtigen Abschlußwand des Außenteils (1) angebracht sind.

Werden die Bodenschlitze (12) und gleichzeitig die Türen des Schildes geschlossen, so entsteht im Innern des Vortriebschildes ein luftdicht umschlossener Raum von verhältnismäßig großem Querschnitt, und der Innenteil des Vortriebschildes kann im Außenteil durch Steigerung des Luftdruckes im Innenraum, mit oder ohne Zuhilfenahme der Vortriebpressen, vorgetrieben werden.

Schließt man die Schlitze (13) in den Förderröhren (6), so können Wasser und Boden gemischt aus der Vorkammer (4) unter der Sohle des Innenteils (2) hinweg durch die Röhren (6) abgesaugt werden.

Bei Schließung beider Arten von Schlitzen (12 u. 13) ist es möglich, den Innen- teil des Schildes mit Druckluft und Pressen vorzutreiben und gleichzeitig den Boden aus der Vorkammer unter dem Innenteil hinweg abzusaugen, ohne daß andere als beobachtende Arbeiten und Bohrarbeiten im Innern des Schildes zu leisten sind.

Die Förderröhren (6) werden an ihrem hinteren Ende mit einer Verschlußvorrichtung zu versehen sein, die in der Zeichnung als Rückschlagklappe (15) angedeutet ist, damit beim Öffnen der Türe (16) der Schleusenkammer (14) keine Wasser- und Bodenmengen in die Schleusenkammer und von da weiter in den Tunnelinnenraum einströmen. Die Verschlußvorrichtung (15) darf nur bei geschlossener Kammertür (16) geöffnet werden.

Sind die beiderseitigen Türen (16 u. 17) der Schleusenkammer (14) und auch die Klappe (15) geschlossen, so kann durch Einführung von Druckluft in die Kammer (14) das in diese vorher eingesaugte Gemisch von Wasser und Boden in den rückwärtigen Tunnelinnenraum ausgeblasen werden. Die Kammer (14) wirkt also wie ein Pumpenrohr mit einem Fußventil (15), in das die zu fördernden Bodenmassen abwechselnd durch Absaugen der Luft hineingesaugt und aus dem sie dann durch Einblasen von Druckluft wieder hinausgeblasen werden, ohne daß Arbeiter in der Kammer (14) tätig sind. Unter Umständen wird die Anbringung eines Rührwerkes in der Kammer (14) nützlich sein.

Die Tätigkeit von Arbeitern in Druckluft kann so auf das geringste Maß eingeschränkt oder ganz ausgeschaltet werden. Diese Art der Tunnelbohrung in ringsum geschlossenen Tunnelmänteln ist daher auch noch in Tiefen unter Wasser anwendbar, in denen Arbeiten in Druckluft nicht mehr ausführbar sind, z. B. beim Bau tiefliegender Unterseetunnel. Die Grenze der Tiefe für Tunnelbohrungen unter Wasser wird nur durch die Praxis zu bestimmen sein.

Die wälzenden Bewegungen des Innenteils (2) des Vortriebschildes im Außenteil (1) können in verschiedener Weise hervorgebracht werden.

In der Zeichnung ist angenommen, daß sie durch Drehung eines auf den vorderen Pressenkolben (18) aufgesetzten Zahnradsektors (19), der mit seinen Zähnen in die Umfassungswand des Innenteils an dessen hinterem Ende eingreift und durch weitere zu bewegende Zahnradsektoren und Zahnräder (20, 21, 22) entstehen. Die Zähne des Sektors müssen den nötigen Spielraum haben. Die Zahnradsektoren (19 u. 20) müssen auf den Pressenkolben (18) nach Bedarf lösbar und feststellbar sein. Die Bewegung könnte aber auch durch Seilzüge, ähnlich wie bei den Bewegungen von Drehbrücken, oder durch mechanische Drehung der Wellen nachstehend erwähnter Rollen im Innenraum, oder in anderer Weise erzeugt werden.

Zwischen der Innenwand des Außenteils und dem kreiszylindrischen Mantelblech des Innenteils werden zweckmäßig Kugel- oder Zylinderlager (23) angeordnet, zur Erreichung leichterer Beweglichkeit des Innenteils. An Stelle der Kugeln und Zylinder können einzelne größere, in Abb. 39 links punktiert angedeutete Rollen treten, deren Lager im Innenraum liegen und daselbst samt den Lagern mit Blechkappen luft- und wasserdicht zu überdecken sind.

Der Luftabschluß zwischen Außen- und Innenteil ist durch eingelegte Schlauch- oder Metallfederdichtungen (24) ausführbar.

In Röhren geschützte Schraubenspindeln (25) in und längs der Decke des Außenteils, die an ihren in den Tunnelinnenraum reichenden rückwärtigen Enden mittels Rätschen oder Gabelschlüsseln drehbar sind, schieben bei ihren Drehbewegungen das Schildkappenblech (11) im ganzen oder in einzelnen Längslamellen in der Tunnelrichtung vor- und rückwärts, soweit wie nötig ist, um Einbrüche des Erdreichs vor und an der Seite des Vorraums (4) zu verhindern. Das Kappenschild (11) gleitet bei diesen Bewegungen über die Stützkonsolen (10) hinweg. Bei der Drehung des Innenteils des Vortriebschildes gleiten dagegen die Konsolen (10) an der unteren Fläche des Kappenschildbleches (11) entlang, ihre stützende Wirkung — da es sich nur um geringe Drehungen handelt — in jeder Stellung behaltend.

Die vordere Abschlußwand des Innenteils (2) des Vortriebschildes wird zweckmäßig doppelwandig und mit Betonzwischenfüllungen hergestellt werden, damit die in die Wand einzusetzenden Gelenke festen Halt haben und die Wand jedem äußeren und inneren Angriff widersteht.

Verstopfungen zwischen Wänden und Schildteilen lassen sich an jeder Stelle durch einzuspritzendes Druckwasser ohne Schwierigkeit beheben. Spritzlöcher mit einfachen, durch den Luftdruck sich schließenden Verdeckungsklappen, etwa aus Leder, sind im Schildinnern überall anbringbar.

Die hintere Abschlußwand des Außenteils (1) ist kräftig auszubilden und ebenso wie alle Schildteile zur Verhinderung des Auftriebes des Vortriebschildes schwer zu halten.

Diese Wand trägt in ihrer Mitte zwei starke hydraulische Vortriebpressen oder eine vor- und rückwärts wirkende starke Doppelpresse. Der vordere Pressenkolben (18) drückt in der Tunnelrichtung vorwärts, der hintere Pressenkolben (27) dagegen nach rückwärts.

Reicht der durch Luftdrucksteigerung im Innenraum des Schildes zu erzeugende Vortriebdruck nicht aus, um den Innenteil gegen das vorstehende Erdreich genügend vorzuschieben, oder sind die Bodenschlitze (12) im Innenraum geöffnet, so ist der Innenteil (2) durch den Kolben (18) vorzutreiben. Es kann zu diesem Zwecke ein starkes Rohr oder ein kräftiger Stempel (in der Zeichnung punktiert angedeutet) zwischen die vordere Wand und den Pressenkolben (18) eingesetzt werden. Das Rohr oder der Stempel sind während des Nichtgebrauches, zur Freihaltung des Innenraumes, an der Decke des Innenteils (2) an Rollen aufhängbar.

Soll dagegen der Außenteil des Schildes dem Innenteil nach- oder mit dem Innenteil zusammen vorgeschoben werden, so ist der Pressenkolben (27) in Tätigkeit zu setzen. Die hintere Presse überträgt ihre Schubkraft auf eine in den fertigen Tunnel eingebaute, nach Bedarf versetzbare Hilfskonstruktion (28), die durch an ihrem äußeren Rande befestigte Konsolen (29) gegen das fertige, abgebundene Tunnelmauerwerk sich stützt, den Pressendruck auf dieses übertragend.

Kleinere hydraulische Hilfspressen (30 u. 31), am Umfang des Außenteils (1) des Schildes angeordnet, dienen zum Ausgleich von Unregelmäßigkeiten in der Vorwärtsbewegung von Außen- und Innenteil des Schildes. Diese Hilfspressen (31) stützen sich einerseits gegen die Schildteile, andererseits gegen das Tunnelmauerwerk oder besser noch gegen eiserne, in den Tunnelraum eingestellte Lehrgerüstrahmen (32), die den Zweck haben, die dünnwandig angenommene Tunnelumkleidung (33) mit Hilfe geeigneter Stockspindeln (34) abzustützen und den umgebenden Erddruck und die Last des überliegenden Erdbodens aufzunehmen, sowie die Tunnelverschalung (35) während der Herstellung des Tunnelmauerwerkes zu tragen.

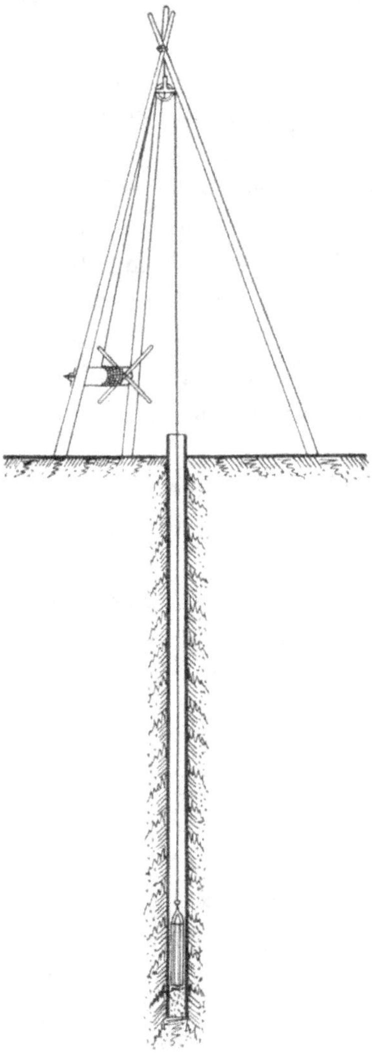

Ein Vortriebschild dieser Art ist nichts anderes, als ein wagerechter Erdbohrer von großen Abmessungen, ein Tunnelbohrer, aus dessen Innenraum das erbohrte Erdmaterial von Arbeitern herausgefördert wird. (Vgl. Abb. 41 und 42.) Der Außenteil (1) vertritt das gewöhnliche Bohrrohr, das in den Boden hineingetrieben wird. Der Innenteil (2) ist der Bohrer, der den Bodenkern im Bohrrohr löst und wegschafft, wenn nötig nach Zertrümmerung des Kernes oder der Hindernisse im Kern. Beim senkrechten Erdbohrer ist das Vortriebrohr an seinem unteren Ende horizontal abgeschnitten; beim Tunnelbohrer ist der vorzutreibende Außenteil vorn schräg, entsprechend der Neigung der Böschung des Bodens abgeschnitten.

Mit einem solchen Vortriebschild würde — die notwendige Erfahrung in der Anwendung vorausgesetzt — mühsam und langsam, aber mit schließlichem Erfolg, jede Art von Boden zu durchfahren sein; auch Fundamente würden durchbrochen und unterfahren werden können.

Vorschläge für den Anschluß der Tunnelwände an das durchfahrene Erdreich oder an die unterfahrenen Fundamente sind im Abschnitt 9 angegeben.

Abb. 41.

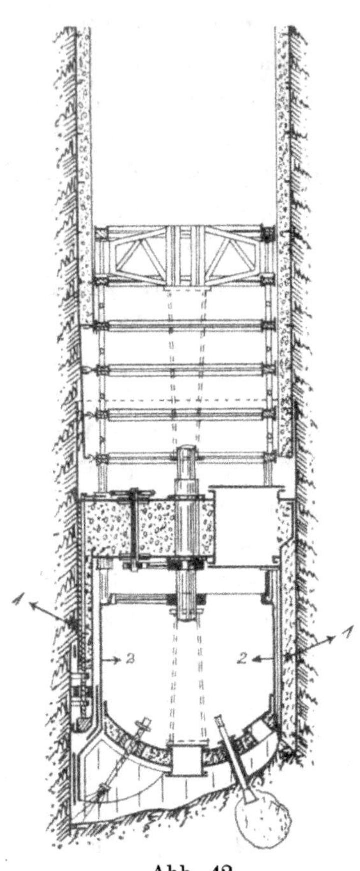

Abb. 42.

2. Vortriebschild in leichtem Boden ohne Hindernisse.

Vereinfachter Schild.

In leicht lösbarem Boden, der keine oder nur wenige und unbedeutende Hindernisse enthält, z. B. Berliner Sandboden, eignet sich zum Tunnelvortrieb ein Schild von einfacherer Konstruktion (Abb. 43).

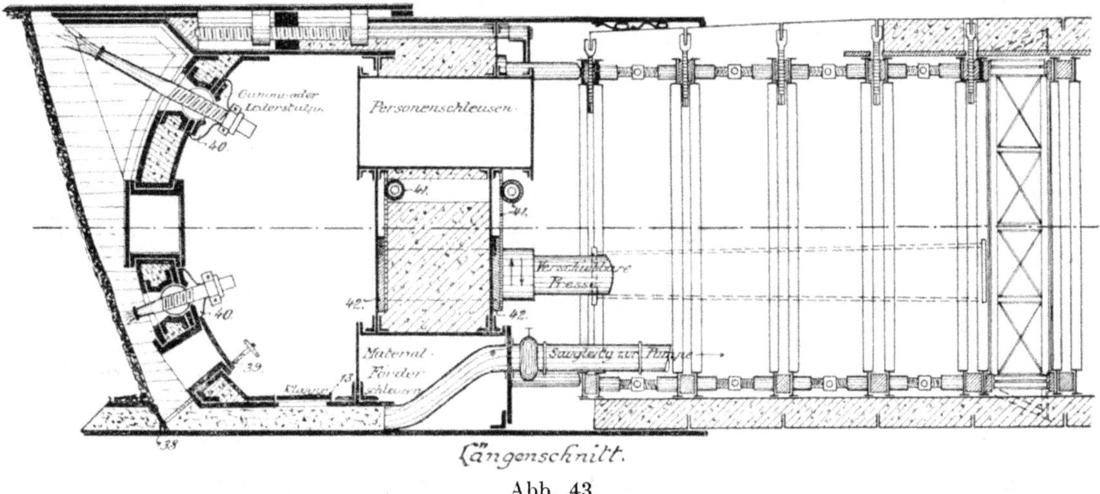

Abb. 43.

Der früher erwähnte wälzbare Innenteil des Schildes fällt bei dieser Konstruktion fort. Der Schild wird kürzer.

Auf möglichste Kürze des Schildes ist in allen Fällen Wert zu legen, damit die äußeren Reibungskräfte und besonders die Widerstände des Erdreiches bei Änderungen der Vortriebrichtung in Kurvenstrecken auf das geringste Maß eingeschränkt werden. Gelenke in den Schildwänden, zur besseren Durchfahrung von Kurvenstrecken, werden in der Regel entbehrlich sein.

Werden die Förder- und Saugröhren im Boden des Schildes zu einem einzigen größeren Förder- oder Saugekanal zusammengezogen, so erhält der Vortriebschild einen hohlen Boden, durch den hindurch das vor der vorderen Abschlußwand des Schildes gelöste und daselbst am Fuße der natürlichen Böschung angesammelte Erdmaterial nach rückwärts in den Tunnel gefördert werden kann, entweder von Hand, durch Eingreifen mit geeigneten Geräten oder Hilfswerkzeugen in die an der Sohle des Schildinnenraumes befindlichen und mit Klappen oder Türen (13) verschließbaren oberen Öffnungen des Förder- und Absaugekanals, oder bei geschlossenen Türen (13) durch Absaugen des Erdmaterials mittels einer im Tunnel aufgestellten Saug- und Förderpumpe.

Damit nicht zuviel Boden vor der vorderen Abschlußwand abgesaugt wird und die Saugerichtung des Wassers vor der Schildabschlußwand in senkrechte Richtung abgelenkt wird, empfiehlt es sich, den hohlen Schildboden eine kurze Strecke weit vor die Schildabschlußwand in gerader Richtung zu verlängern und vor der Abschlußwand eine obere Absaugeöffnung in dem verlängerten Schildboden anzuordnen, sowie ferner den vor diese Öffnung vorgreifenden Teil des hohlen Schildbodens mit einer vom Schildinnenraum aus bedienbaren Verschlußklappe (38) zu versehen. Die Klappe gestattet dem in den vorgreifenden Schildbodenteil von vorn eindringenden Erdmaterial den Durchgang nach dem Tunnelraum, verhindert dagegen die Absaugung von zuviel Boden. Das wenige, in den vorgreifenden Schildbodenteil gelangende Erdmaterial kann abgesaugt werden, sobald die Verschlußklappen (38) durch Losdrehen der kleinen Spindeln (39) vom Schildinnenraum aus für kurze Zeit geöffnet werden.

Durch diese Anordnungen wird die Gefahr von Geländeeinbrüchen vor dem Schild beim Absaugen des Bodens vermindert.

Damit an den Gelenkpunkten in der vorderen Abschlußwand des Schildes keine Druckluft verloren geht und Wassereinläufe an diesen Punkten verhütet werden, empfiehlt es sich, die Gelenkpunkte mit Leder- oder Gummistulpen (40), die einerseits an die Schildwand, andererseits an die in die Gelenke eingesetzten Hilfsgeräte mittels Klemmringen und Rohrschellen fest angepreßt sind, luftdicht zu überdecken. Die Beweglichkeit der Gelenke wird dadurch nicht beeinträchtigt.

Da die Lage der Resultierenden der vom Schild beim Vortrieb zu überwindenden Widerstände wechselt, erscheint es zweckmäßig, die nach der früheren Beschreibung in der Mitte der rückwärtigen Abschlußwand angeordneten Vortriebpressen — von denen bei der vereinfachten Schildkonstruktion nur die hintere Presse übrig bleibt — nach Bedarf verschieben zu können, was z. B. mit Hilfe von Zahnstangengetrieben (41), die an den Grundplatten (42) der Vortriebpressen befestigt sind, geschehen kann. Die Hauptpresse läßt sich dann so einstellen, daß die kleineren Regulier- und Hilfspressen am Umfange des Schildes nur selten und wenig beansprucht werden.

---

3. Tunnelvortrieb auf der Sohle eines Flusses oder Seebeckens oder in einem Graben unter Wasser.

Soll ein Tunnel auf der Sohle eines Flußlaufes oder Seebeckens oder auf der Sohle eines unter Wasser hergestellten Grabens, der seitlich von Spundwänden oder Böschungen begrenzt ist, vorgetrieben werden, so kommt die Förderung von Erdbodenmassen durch den Schild nicht mehr in Frage. Der Vortriebschild, der — wie alle zu Bauausführungen unter Wasser gebrauchten Bau- und Hilfsteile, den lebendigen Taucher nicht ausgenommen — schwerer sein muß als sein Auftrieb, braucht unter Wasser nur entsprechend der Länge der im Schild jeweils neu hergestellten Tunnelstrecke vorgeschoben zu werden (Abb. 44 und 45).

Dagegen wird notwendig, den Vortriebschild nach rückwärts mit dem Tunnelmauerwerk zu verankern, damit der Schild nicht von dem im Tunnelinnern herrschenden Luftdruck, der (zumal im oberen Teil des Tunnelraums) größer ist als der äußere Wasserdruck, vom Tunnel ab- und durchs offene Wasser davongetrieben wird.

Diese Verankerung läßt sich mit Spindeln und verlängerbaren Kettenstangen, ähnlich denen, die bei Druckluft-Brückenpfeilergründungen angewendet werden, bewerkstelligen. Die Muttern der Verankerungsspindeln müssen entsprechend dem Maße des Vortriebes von den Spindeln abgedreht werden. Es sind, wie bei

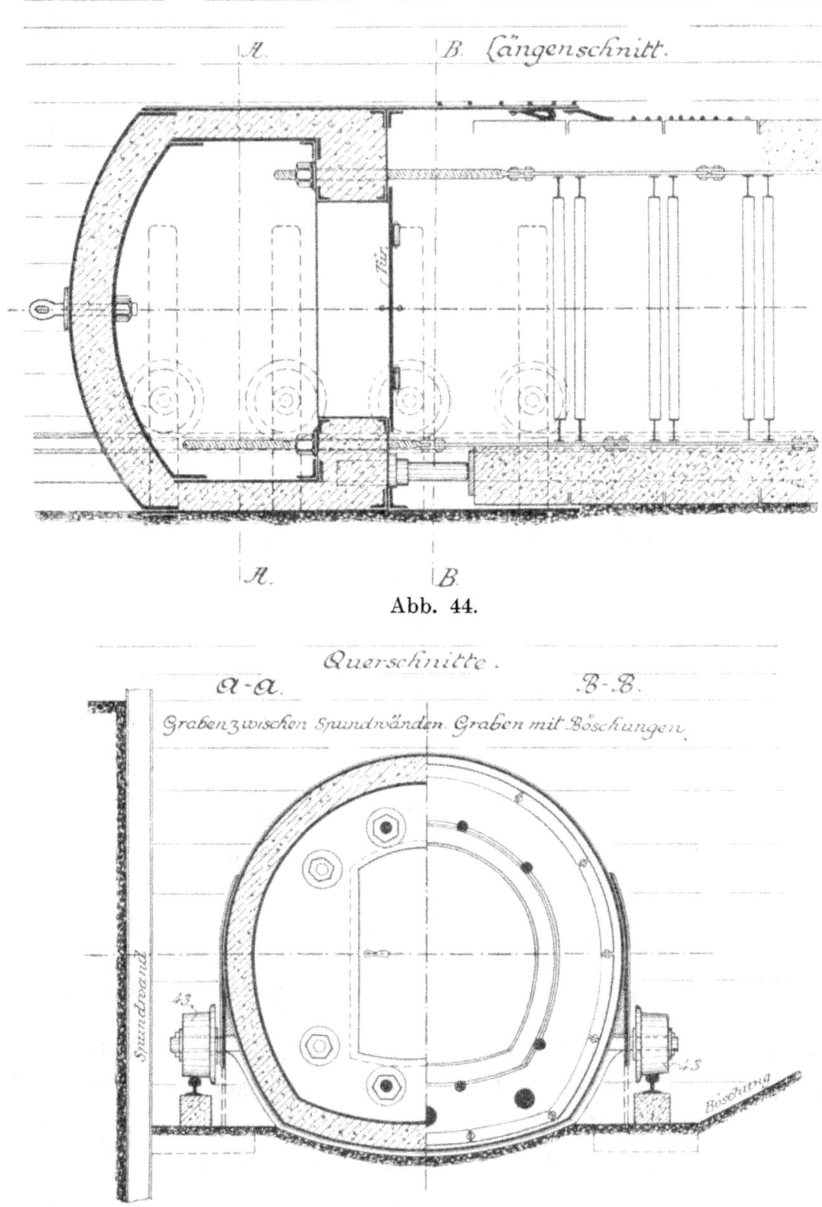

Abb. 44.

Abb. 45.

Pfeilergründungen, Verlängerungskettenglieder in die Verankerungsketten nach Bedarf einzusetzen.

Ein solcher einfacher Tunnelvortriebschild läßt sich auf Rollen (43) in der Vortriebrichtung v o r f a h r e n. Die Rollen dienen zugleich als Ballast gegen den Auftrieb des Schildes. Die Rollen können auch über Wasser, auf einem Gerüst laufend, angeordnet werden, wenn die Herstellung eines Gerüstes angängig ist. In diesem Falle ist die Taucherglocke an die Rollen anzuhängen.

Weil die bei dieser Anordnung gegen die Vorwärtsbewegung des Schildes auftretenden Widerstände nur am Boden des Schildes oder in dessen Nähe wirken, werden die Vortriebpressen zweckmäßig an den Boden des Schildes verlegt. Die Pressen werden wenig in Anspruch zu nehmen sein, weil in Anbetracht des Auftriebes die von den Rollen zu tragende Last in der Regel verhältnismäßig gering sein wird.

Die Schienen, auf denen ein solcher fahrbarer Schild sich vorwärtsbewegt, können auf starken Eisenbetonlängsschwellen befestigt werden. Es wird sich empfehlen, Schienen und Schwellen zusammen als große Gleisrahmen ins Wasser zu versenken. Die Querverbindungen solcher Gleisrahmen sind nach dem Verlegen unschwer durch Taucher zu lösen und zu entfernen.

Kleinere Bodenmengen an der Sohle der Baugrube, die der Fortbewegung des Schildes hinderlich sind, können von Tauchern, die den Boden der Baugrube vor dem Schild begehen, durch Druckwasser fortgespült oder sonst in einfacher Weise beiseite geschafft werden, wenn sie nicht in das Innere des Schildes hereingeholt werden, wie später noch beschrieben wird. Die Baugrube oder der Graben braucht stets nur eine kurze Strecke weit vor dem Schild hergestellt zu werden. Der ausgehobene Boden kann hinter dem Schild zur Einfüllung des Tunnels sofort teilweise wieder verwendet werden.

Abb. 46.

Der Ballast zur Überwindung des Auftriebes kann an Ketten und Seilen quer über den Tunnel und den Vortriebschild gehängt werden, wie Abb. 46 andeutet.

---

4. Fahrbare Taucherglocke für Tunnelausführungen unter Wasser.

Geht man mit der Vereinfachung der Vortriebschildkonstruktion noch weiter, indem man die Seitenwände des Schildes, die die Überlast des Schildes über seinen Auftrieb auf die Wellen der Bewegungsrollen übertragen, nach unten bis auf die Baugrubensohle verlängert (wie in Abb. 45 punktiert angegeben ist) und den Vortriebschild an seinem Boden offen läßt, so gelangt man zur Konstruktion der unter Wasser fahrbaren Taucherglocke für Druckluftbetrieb, mit Zugang durch die fertige Tunnelstrecke und ohne über die Konstruktion der Taucherglocke hinausragende Teile.

Sämtliche Betriebe in einer solchen Taucherglocke sind vom Lande aus durch den Tunnel bedienbar.

Unterwassertunnelbau.
Fahrbare Taucherglocke.

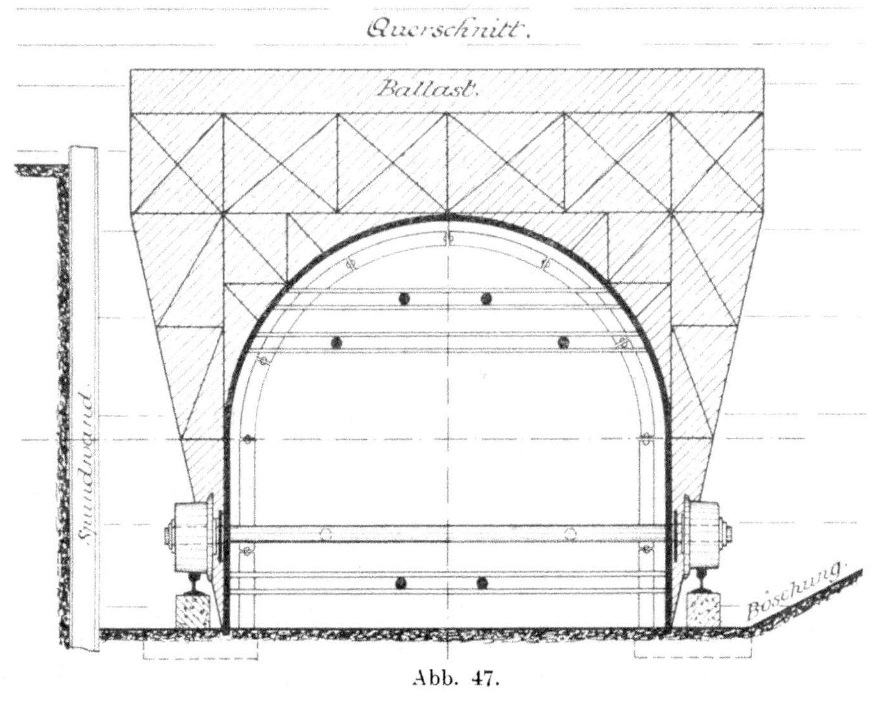

Abb. 47.

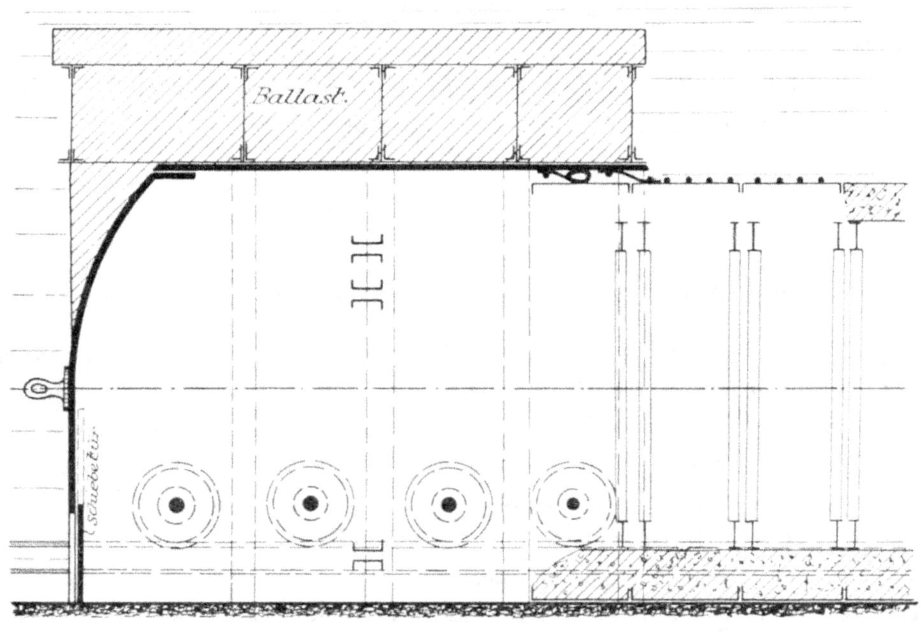

Abb. 48.

Die Tunnelsohle kann mit dem gewachsenen Boden der Baugrube in Verbindung gebracht werden.

Eine solche Taucherglocke (Abb. 47 und 48) kann bestehen aus einem der äußeren Querschnittsform des Tunnels angepaßten und an seinem rückwärtigen Ende gegen die Tunnelaußenwand abgedichteten Mantel, der durch eine den Mantel umfassende Fachwerkkonstruktion gegen Formveränderungen versteift wird und samt dieser Versteifungskonstruktion auf Rollen und Schienen fahrbar ist.

Der Hohlraum des Mantels ist vorn durch eine mit dem Mantel festverbundene Wand abzuschließen. Am unteren Rande dieser Wand können Türen angebracht werden, durch die kleinere, die Vorwärtsbewegung der Glocke hindernde Bodenmengen auf der Sohle der Baugrube in den Innenraum der Glocke hereingeholt und von da weitergefördert werden.

Zwecks Verankerung der Glocke mit dem Tunnelmauerwerk sind in der Glocke die nötigen Querkonstruktionen anzuordnen.

Sämtlicher Ballast gegen den Auftrieb der Glocke kann über dem Mantel und zwischen der Aussteifungskonstruktion Platz finden.

Die Verwendung einer Taucherglocke für Tunnelbau unter Wasser ist der eines Vortriebschildes da vorzuziehen, wo die Herstellung eines Grabens in der Flußsohle unter Wasser durch Baggerung leicht möglich, die Durchfahrung des Bodens mit einem Schild dagegen schwieriger ist. Umgekehrt erscheint die Anwendung eines Vortriebschildes da am Platze, wo die Herstellung einer Baugrube oder eines Grabens vor dem Schild nicht möglich ist oder störend wirkt, z. B. in verkehrsreichen Straßen, oder da, wo der Boden leicht durch den Schild gefördert werden kann.

In offenem Wasser kann jede Taucherglocke durch Zugkraft vorwärtsgezogen werden. Es läßt sich außen an der Taucherglocke ein Zugseil befestigen. Die Verwendung von hydraulischen Vortriebpressen im Arbeitsraume wird dadurch entbehrlich, sofern die Pressen nicht besondere Vorteile bieten.

---

5. Vortriebschild, der auch als Taucherglocke verwendbar ist.

Verlegt man Versteifungskonstruktion, Ballast und Fahrrollen einer Taucherglocke letztbeschriebener Art in das Innere des Taucherglockenmantels und verlängert man zudem das Mantelblech in seinem oberen Teile über die vordere Abschlußwand des Arbeitsraumes hinaus schildartig nach vorn, so gelangt man zu einer Konstruktion, die sowohl als Taucherglocke, wie auch als Vortriebschild zur Herstellung von Tunneln unter Wasser verwendbar ist.

Die Benutzung eines solchen in doppelter Weise verwendbaren Apparates kann beispielsweise bei Ausführung von Flußuntertunnelungen mit anschließenden Uferrampentunneln Vorteile bieten. Der Apparat wird am einen Ufer in eine Baugrube versenkt und als Vortriebschild zur Ausführung des unter die Flußsohle abfallenden Uferrampentunnels benutzt. In der offenen Flußstrecke kann der Apparat dann als

Unterwassertunnelbau.

Vortriebschild und Taucherglocke.

Querschnitt *A—A*.   Querschnitt *B—B*.

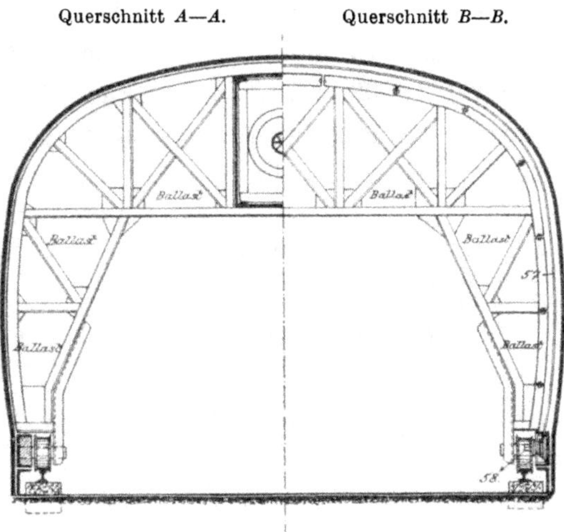

Abb. 49.

Längenschnitt.

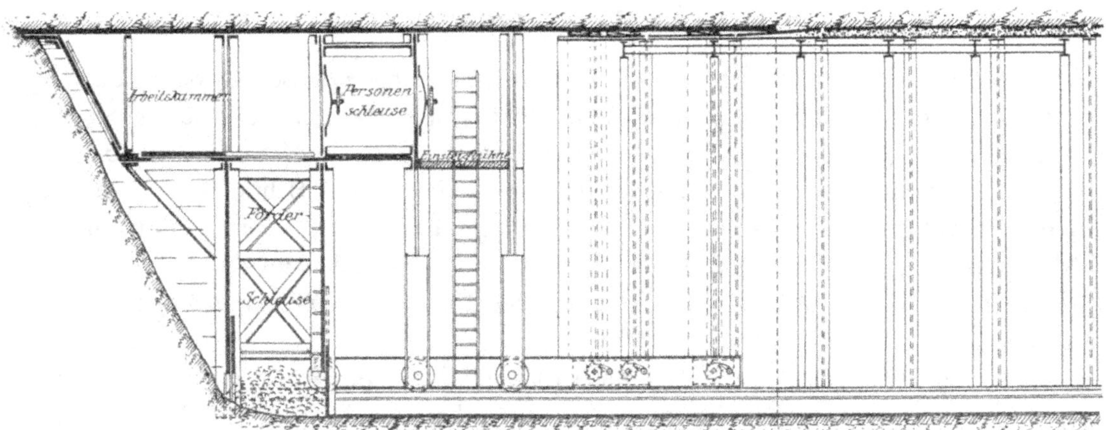

Abb. 50.

Taucherglocke benutzt werden. Am anderen Ufer arbeitet sich der Apparat als Vortriebschild wieder in die Höhe.

Zu der in den Abb. 49 und 50 dargestellten Konstruktion eines solchen Vortriebapparates sei erläuternd folgendes bemerkt:

Bei Tunneln von großen Abmessungen kann im oberen Teile des Arbeitsraumes und unter dem vorgreifenden Schild eine besondere Arbeitskammer eingerichtet werden, von der aus durch in der Vorderwand und im Boden dieser Kammer befindliche Öffnungen hindurch das zu durchfahrende Erdreich angreifbar und lösbar ist.

Eine weitere Bodenöffnung in der Kammer gestattet das Einsteigen in die zwischen den beiden vorderen Abschlußwänden gedachte Förderschleuse. Durch abwechselndes Öffnen und Schließen der Türen an den unteren Enden der Abschlußwände kann das an den Fuß der Böschung herabfallende Bodenmaterial rückwärts in den Tunnel gefördert werden, ohne daß das Wasser im Tunnelinnenraum über die Unterkante des Mantelbleches steigt.

Die horizontale Schiebetür am Boden der Arbeitskammer verschließt entweder die Öffnung über der Böschung oder die Öffnung über der Förderschleuse.

Die Schürze im Vorraum unterhalb der Arbeitskammer schützt vor zu hohem Aufsteigen des Wassers in die Kammer.

Solange der Apparat als Taucherglocke im offenen Wasser dient, bleiben, nachdem der nötige Ballast in die Arbeitskammer eingebracht ist, die Türen der Kammer geschlossen.

Spindeln, Flaschenzüge u. dgl. Teile, die zur Verankerung der Taucherglocke nach rückwärts anzubringen sind, lassen sich an den Querwänden des Apparates befestigen.

---

6. Dichtung der Fuge zwischen Tunnel und Vortriebschild oder Taucherglocke.

Die Fuge zwischen Tunnelaußenfläche und Innenfläche von Schild- oder Taucherglockenmantel (Abb. 48 u. 50) kann entweder durch eingelegte aufzutreibende Schläuche, wie früher geschildert, oder durch nebeneinandergelegte schmale Metallfedern gedichtet werden, die mit ihrem vorderen Ende an der Innenseite des Schild- oder Taucherglockenmantels befestigt sind. Das hintere, freie Ende der Federn gleitet bei der Vorwärtsbewegung des Apparates auf der Außenfläche des Tunnels.

Jede Metallfeder ist an ihrem hinteren freien Ende zu einer flach auf dem Tunnel aufliegenden Öse umgebogen.

Durch die Ösen sämtlicher Metallfedern ist ein den Tunnel umschnürender Stahldraht oder ein Drahtseil ziehbar. Dieses Drahtseil läßt sich durch Andrehen von Wirbelzapfen, die an den beiderseitigen untersten Enden des Schild- bzw. Taucherglockenmantelbleches ihre Lager haben, anspannen. Die Wirbelzapfen sind mit Vierkantenden, Sperrädchen und Sperrklinken ausgerüstet. Wird das durch sämtliche Ösen gezogene Drahtseil angespannt, so werden an allen nach außen gebogenen Stellen der Tunnelaußenwand die losen Enden der Metallfedern gegen die Tunnelaußenfläche angepreßt.

Solche Umschnürungen lassen sich in beliebiger Zahl hintereinander anordnen, zur Erreichung größtmöglicher Dichtigkeit der Fuge.

Es empfiehlt sich, unter die Metallfedern einen Streifen von Leder oder Gummistoff einzulegen, der auch die kleinen Fugen zwischen den Metallfedern abdichtet.

---

7. Tunnelvortrieb unter Wasser in verschiedenartigem Boden.

Bei den bisherigen Betrachtungen ist angenommen worden, daß der Boden in der Vorkammer des Schildes unter Wasser ruhig steht.

Die natürliche Böschung wird mehr oder weniger steil sein, je nachdem die Bodenteilchen durch die überlagernden Lasten fester oder weniger fest zusammengepreßt und etwa noch durch tonige oder lehmige Bindemittel mehr oder weniger aneinandergeklebt sind.

Die Eigenschaften des Sandbodens unter Wasser sind früher erwähnt worden.

Ist der Sand vor dem Schild so fein und rein, daß er durch die unvermeidlichen Wasserströmungen im Schildvorraum in Bewegung gerät und an die vordere Abschlußwand des Schildes angeschwemmt wird, so kann er durch einfache Wasserspülung, mitunter schon durch das bloße Aufsteigen von Druckluftblasen im Schildvorraum, von der Wand wieder abgespült werden. Das hierbei vor der Wand sich bildende, in Bewegung befindliche dünnflüssige Gemisch von Wasser, Luft und Sand bietet dem Vortrieb des Schildes keinen oder keinen erheblichen Widerstand.

Der Boden in der Vorkammer kann außerdem von der Arbeitskammer (Abb. 50) aus, also von oben her, abgesaugt werden. Es kann auch ein Rührwerk vor der Wand in Tätigkeit treten, um den Widerstand der vorstehenden Bodenmassen zu verringern oder aufzuheben.

Besonders feinkörniger Sand wird oft schon bei geringer Überdeckungshöhe eine so dichte Decke über dem Vortriebschild bilden, daß die Böschung in der Vorkammer unter Druckluft gesetzt und im Trockenen von der Arbeitskammer (Abb. 50) aus angegriffen werden kann, wobei die Arbeiter vor jeder Gefahr von Wassereinund Luftausbrüchen geschützt bleiben.

Es wird ferner an Stellen, wo Bodeneinbrüche in den Schildvorraum zu vermeiden sind, mit Hilfe von Tiefbrunnen an den Seiten des Tunnels und durch Grundwasserabsenkung in manchen Fällen möglich sein, den Vorraum vor dem Schild wasserfrei zu halten.

An anderen Stellen, z. B. an unbebauten Ufern, auf freiem Felde, unter Flußläufen, an Seesohlen usw. werden Bodeneinbrüche ohne Bedeutung sein.

Ist die natürliche Böschung des Bodens in der Schildkammer so flach geneigt, daß Bodeneinbrüche zu gewärtigen sind, so kann die Böschung auf horizontalen Bänken in der Vorkammer abgefangen werden. Wechselt die Neigung der natürlichen Böschung des Bodens vor dem Schild, so wird die Verwendung eines vor- und rückwärts beweglichen Schildbleches sich empfehlen.

Grober Sand und gemischter oder fester Boden werden von den Grundwasserbewegungen im Schildvorraum nicht oder in nur geringfügigem Maße angegriffen werden.

Die Frage, ob und welche Maßregeln gegen treibende Grundwasserbewegungen zu treffen sind, ist im Einzelfalle zu entscheiden. Es gibt viele solcher Maßregeln. Als zuletzt anzuwendende erscheinen: die Umschließung der Tunnelbaustelle mit Spundwänden, die Absenkung des Grundwassers mittels Tiefbrunnen oder Druckluft und — an Stelle des Schildvortriebes — der Taucherglockenvortrieb in ausgehobener Baugrube unter Wasser. Die richtige Wahl zu treffen, ist Aufgabe des bauleitenden Ingenieurs, der die Eigenschaften des zu durchfahrenden Bodens kennen und ebenso mit der Verwendung der Druckluft bei Tiefbauten vertraut sein muß.

---

8. Vortriebe in senkrechter Richtung abwärts.
(Brunnen- und Schachtbau.)

Wendet man die in vorstehendem gemachten Vorschläge auf Vortriebe in senkrechter Richtung abwärts an, so gelangt man zu dem in den Abb. 51—53 dargestellten Verfahren des Baues von Brunnen oder Schächten mit Hilfe von Druckluft bis in Tiefen unter Wasser, die von den Arbeitern noch erreichbar sind. Das Verfahren wird sowohl im Grundbau wie auch im Bergbau in manchen Fällen anwendbar sein. Es ist darüber folgendes zu sagen:

Die Absenkung von Brunnen kleinen Durchmessers in größere Tiefen ist bei dem seither gebräuchlichen Verfahren oft schwierig oder unausführbar, weil die Reibung des Brunnens im umgebenden Erdreich im Verhältnis zum Brunnengewicht zu groß ist oder weil Hindernisse unter der Brunnenschneide die Absenkung erschweren.

Das Brunnenmauerwerk reißt leicht ab oder der Brunnen geht schief. Zur Absenkung müssen auf dem Brunnen schwere Lasten vorübergehend aufgebracht werden. Die Wiederentfernung dieser Lasten und ihre Wiederaufbringung nach jedem streckenweisen Versenken und Aufmauern des Brunnens ist umständlich und zeitraubend. Die aufgebrachten Lasten gefährden zudem die im Brunnen arbeitenden Leute und sind der Ausführung der Ausschachtungsarbeiten hinderlich. Schneidet der Brunnen während der Absenkung nicht genügend tief in den zu durchfahrenden Boden ein und müssen die Bodenmassen durch Baggerungen unter Wasser aus dem Brunnen ausgehoben werden, so tritt oft der weitere Übelstand hinzu, daß mehr Boden aus dem Brunnen ausgehoben werden muß, als dem Produkt aus Brunnenquerschnitt und Versenkungstiefe entspricht. Der mehrgeförderte Boden fließt von außen unter der Brunnenschneide hindurch in den Brunnen hinein. Das den Brunnen umgebende Erdreich wird hierdurch gelockert und um den Brunnen herumstehende Gebäude oder sonstige Anlage werden in ihrem Bestand gefährdet. Diesen und anderen Gefahren und Übelständen kann in folgender Weise begegnet werden.

Ein in seiner Grundrißgröße dem herzustellenden Brunnen entsprechender Senkkasten (1) erhält an der Außenseite einen über die Senkkastendecke nach oben hinausragenden zylinderförmigen Mantel (2). Dieser Mantel umschließt den untersten Teil der Brunnenwand, die in Abb. 51, als aus doppelwandigen, zylindrischen, untereinandergebauten Teilen (3, 4) bestehend, dargestellt ist.

Sobald der Senkkasten (1) mit dem Mantel (2) so tief abgesenkt ist, daß ein neuer Brunnenteil (3, 4) unter dem tiefsten eingebauten Teil im Mantelinnenraum angesetzt werden kann, geschieht dies.

Zur festen Einspannung des Brunnens in das umgebende Erdreich oberhalb des Senkkastenmantels (2) wird die aus losen, stumpf aneinanderstoßenden oder an den senkrechten Rändern sich etwas überdeckenden Teilen bestehende Brunnenaußenwand (4) durch Andrehen von Druckschrauben (5), die ihre Gewindestützpunkte in der Brunneninnenwand (3) haben, vom Brunneninnenraum aus gegen das umgebende Erdreich fest angedrückt. Es ist gleichgültig, ob die Außenwandteile (4) ihre senkrechte Stellung dabei verlieren oder nicht. Der bei diesem Festpressen sich bildende Zwischenraum zwischen Innenwand (3) und Außenwand (4) kann vom Innern des Brunnens aus mit Mörtel oder einem ähnlichen Füllstoff vollgepreßt werden.

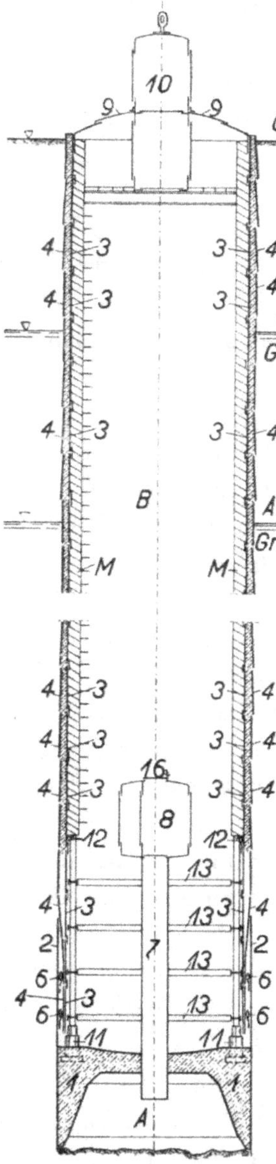

Abb. 51. 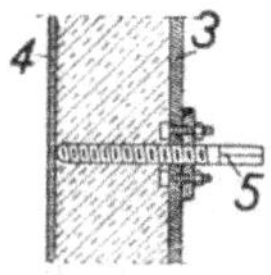   Abb. 52. 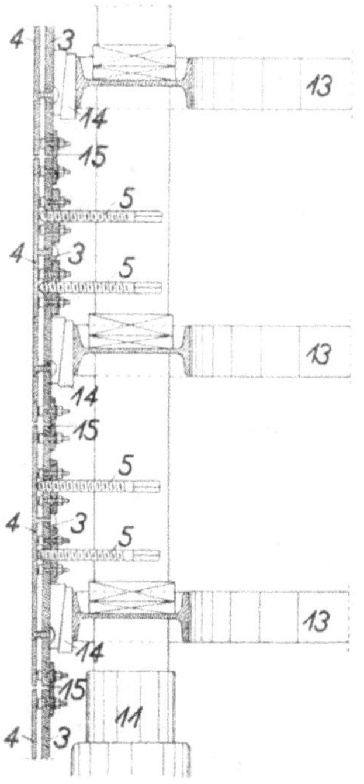   Abb. 53.

Der Zwischenraum zwischen dem Senkkastenmantel (2) und der Brunnenwand (4) ist durch eine oder mehrere Schlauch- oder Metallfederdichtungen (6) gegen den Eintritt von Wasser in den Brunneninnenraum B und gegen den Austritt von Druckluft aus dem Brunneninneren in das umgebende Erdreich abzuschließen. Die Fuge zwischen den Wandplatten (3) und (4) am unteren Rand dieser Platten, zunächst der Senkkastendecke, ist abzudichten, damit keine Druckluft durch die Fuge entweicht.

Bei Beginn der Brunnenherstellung wird der Senkkasten (1) samt dem Mantel (2) von Geländehöhe aus zuerst eine kurze Strecke weit in gewöhnlicher Weise niedergesenkt. Hierbei wird die Brunnenwand (3, 4) innerhalb des Mantels (2) nach unten fortschreitend in ihren einzelnen Teilen eingebaut und der Brunnen in das umgebende Erdreich eingespannt.

Hat die Senkkastenschneide das Grundwasser erreicht, so ist zwecks Verdrängung des Wassers Druckluft in den Senkkasteninnenraum A einzupumpen und der Boden aus dem Senkkasten durch die Schachtrohre (7) und die Luftschleuse (8) zutage zu fördern.

Erweist sich bei der weiteren Versenkung die Anwendung künstlichen Druckes von oben auf die Senkkastendecke als zweckmäßig oder erforderlich, so kann dieser Druck dadurch erzeugt werden, daß man den Brunnen in seinem oberen Teile oder an seinem oberen Rande mit einem Deckel (9) verschließt und den ganzen Brunneninnenraum B unter Druckluft setzt.

Braucht der Druck von oben auf den Senkkasten nur so groß zu sein, daß er dem Auftrieb des Senkkastens das Gleichgewicht hält, so kann die Schleuse (8) außer Tätigkeit treten. Senkkasteninnenraum A und Brunneninnenraum B stehen dann unter dem gleichen Luftdruck und die Bodenfördergefäße können aus dem Senkkasteninnern A unmittelbar in die Luftschleuse (10) am oberen Brunnenende hochgezogen und daselbst nach außen entleert werden.

Soll dagegen zeitweilig ein größerer Luftdruck von oben auf die Senkkastendecke ausgeübt werden, so ist während dieser Zeit die Schleuse (8) zu schließen.

Der Senkkasten kann auch mittels hydraulischer Pressen (11), die auf der Senkkastendecke aufsitzen und gegen die Ausmauerung des Brunnens (M) oder gegen an die Brunneninnenwand (3) befestigte Tragstützen (12) nach oben drücken, niedergetrieben werden.

In den Abb. 51 und 53 ist angenommen, daß die doppelte Brunnenwand mit horizontalem eisernen Rahmen (13) und zwischen diese und die Brunnenwand eingetriebenen Keilen (14) ausgesteift wird.

Die Brunnenwand ist in der Zeichnung als aus gewalzten, eisernen, nach der Brunnenquerschnittsform gebogenen, an den Stößen mit Laschen (15) überdeckten und verschraubten Flacheisen bestehend, dargestellt.

Wenn zeitweise mit zwei Schleusen (8 und 10) zu arbeiten ist, empfiehlt es sich, die untere Schleuse (8) mit einer senkrecht über dem Schachtrohr (7) an der Decke befindlichen und durch den Deckel (16) verschließbaren Öffnung zu versehen, damit die Förderkübel nach Bedarf sowohl in die Schleuse (8), als auch unbehindert durch diese hindurch in die Schleuse (10) hochgezogen werden können.

Bei gleichzeitiger Absenkung des Grundwassers in und neben dem Erdreich lassen sich in dieser Weise Brunnen, Schächte und säulenartige Fundamente von verhältnismäßig kleinem horizontalen Querschnitt bis zu 30 m Tiefe unter den abgesenkten Grundwasserstand in sicherer Weise herstellen.

Bei Schachtausführungen in größeren Tiefen wird man in den Vortriebmantel am unteren Schachtende einen um seine senkrechte Achse drehbaren, den Abmessungen des Schachtes entsprechend großen Schachtbohrer einsetzen und in ähnlicher Weise vorgehen müssen, wie in Abschnitt 1 für Vortriebe von Tunneln mit ringsum geschlossenen Mänteln in größeren Wassertiefen beschrieben ist.

9. Unterwassertunnel mit doppelten Mänteln.

Stellt man die Umhüllung eines im Boden unter Wasser vorzutreibenden Tunnels aus doppelten Flacheisenmänteln her (vergl. Abb. 50), von denen der äußere Mantel gegen das umgebende Erdreich angepreßt und deren Zwischenraum nach Einspannung des Tunnelkörpers in den Boden mit geeigneten Baustoffen vollgepreßt wird, — wie im vorhergehenden Abschnitt für Brunnen und Schächte beschrieben — so werden Setzungen des vom Tunnel unterfahrenen Bodens vermieden oder auf ein geringes, oft unschädliches Maß beschränkt werden können. Dieses Sicherungsmittel ist für die Unterfahrung von Straßen und Bauwerken zu empfehlen.

In geringen Wassertiefen sind die Mäntel an der Tunnelsohle entbehrlich. Das Tunnelmauerwerk wird mit dem Baugrund in unmittelbare Verbindung gebracht werden können.

Die Verwendung von Flacheisen zu den Tunnelumkleidungen ist der Verwendung gepreßter Platten mit Flanschenverbindungen an den Rändern vorzuziehen, weil die Flacheisen auf der Baustelle jederzeit nach Bedarf zurecht geschnitten und gelocht werden können, während die Beschaffung besonderer gepreßter Paßstücke vom Hüttenwerk meistens längere Zeit erfordert und teurer ist.

10. Tunnelverbindungen gegenüberliegender Ufer.

Nach den vorstehend beschriebenen Bauverfahren können Tunnelverbindungen gegenüberliegender Ufer einer Wasserfläche unter oder auf der Sohle des zu unterfahrenden Flußlaufes, Sees oder Meeresarmes, oder auch im Kerne einer die Ufer

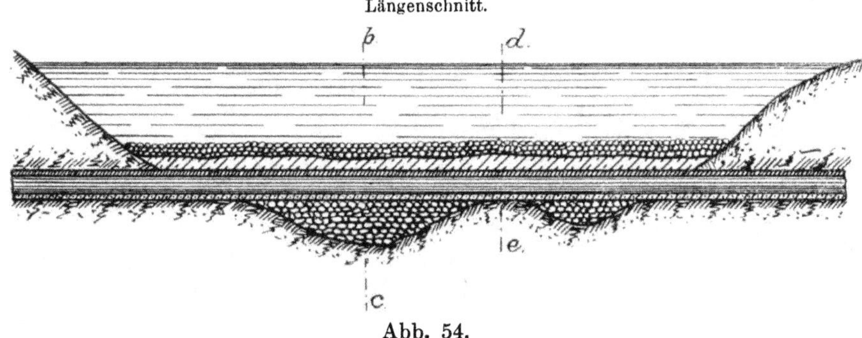

Abb. 54.

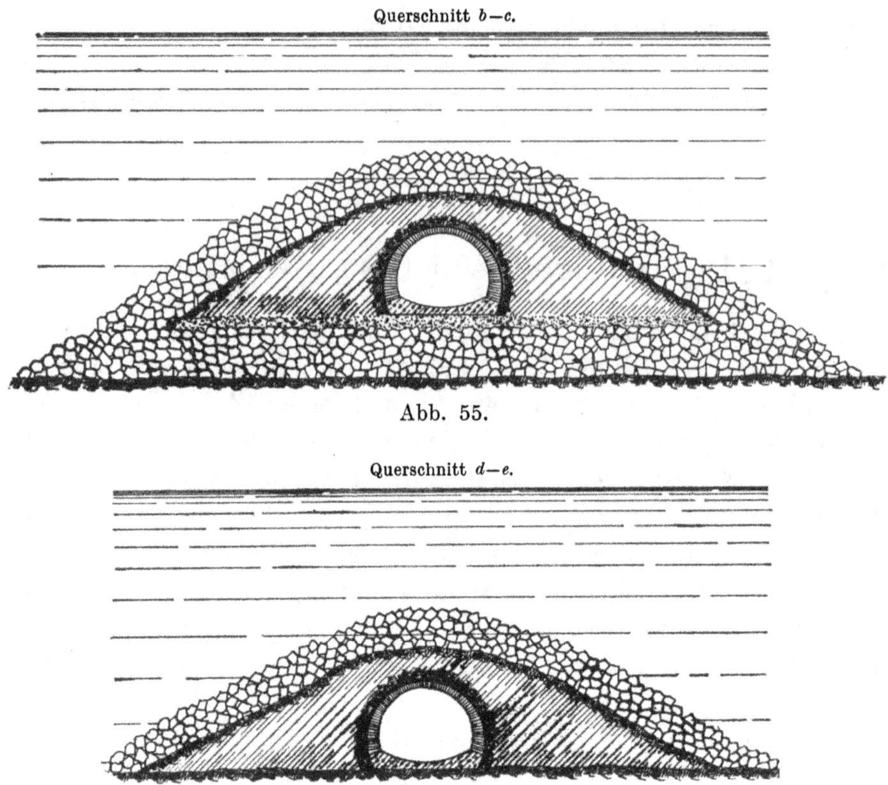

Abb. 55.

Abb. 56.

verbindenden geschütteten Dammes vorgetrieben werden.   Solche Tunnel werden
zweckmäßig durch Boden- oder Steinüberschüttungen geschützt werden (Abb. 54—56).

GPSR Compliance
The European Union's (EU) General Product Safety Regulation (GPSR) is a set
of rules that requires consumer products to be safe and our obligations to
ensure this.

If you have any concerns about our products, you can contact us on

ProductSafety@springernature.com

In case Publisher is established outside the EU, the EU authorized
representative is:

Springer Nature Customer Service Center GmbH
Europaplatz 3
69115 Heidelberg, Germany